立家规·正家风丛书

U0695054

读书 养性 思过

【晋阶之道】

范宸 ◎ 著

中华工商联合出版社

图书在版编目（CIP）数据

读书 养性 思过／范宸著. -- 北京：中华工商
联合出版社，2016.10
（立家规·正家风丛书／和力，范宸主编）
ISBN 978 - 7 - 5158 - 1778 - 1

Ⅰ. ①读… Ⅱ. ①范… Ⅲ. ①人生哲学 - 通俗读物
Ⅳ. ①B821 - 49

中国版本图书馆 CIP 数据核字（2016）第 231056 号

读书 养性 思过

作 者：范 宸
责任编辑：吕 莺 张淑娟
封面设计：信宏博
责任审读：李 征
责任印制：迈致红
出版发行：中华工商联合出版社有限责任公司
印 刷：唐山富达印务有限公司
版 次：2017 年 1 月第 1 版
印 次：2022 年 2 月第 2 次印刷
开 本：787mm×1092mm 1/32
字 数：135 千字
印 张：7.5
书 号：ISBN 978 - 7 - 5158 - 1778 - 1
定 价：48.00 元

服务热线：010 - 58301130
销售热线：010 - 58302813
地址邮编：北京市西城区西环广场 A 座
　　　　　19 - 20 层，100044
http：//www.chgslcbs.cn
E-mail：cicap1202@sina.com（营销中心）
E-mail：gslzbs@sina.com（总编室）

前言

读书使人聪慧，养性使人明理，思过使人觉察

周国平说："成功不是衡量人生价值的最高标准，比成功更重要的是，一个人要拥有内在的丰富，这种内在的丰富就是有丰富的学识、高洁的品性，常常能通过读书悟出生活的哲理和做人的真谛，反省自己，追求并完善崇高的人格。"

人世间许多大的智慧都是从读书中悟到的，多读书、多求知，人才能更加认清自我，认清他人，认知世界。人生是一次旅途，思想是"导游"，人有了丰富的思想，旅途才不会孤单。所以，人要多读书，心灵才能保持宁静，万事才能处之泰然，犹如品味深山间的一汪清泉，宁静而致远；而守住心灵的宁静，就会让心灵犹如乡野里的一条小溪，悠然而自在。

美国的开国元勋华盛顿，在独立战争胜利后，回到弗吉尼亚继续经营自己的种植园，他在葡萄树和无花果树的绿荫下尽情享受书香满院宁静的田园生活，这是多么好的修身养性方式啊！

　　美国作家梭罗曾孤身一人，远离尘嚣，跑到瓦尔登湖畔住了两年多。他每日捧着自己心爱的书一边阅读，一边欣赏平静的湖面，他在安宁、平静的生活中修养着心性，思考着对生活的理解，后来，他灵思涌动，写下了充满宁静、恬淡、智慧的《瓦尔登湖》一书。

　　还有这样一个故事：

　　从前有个人，天天手捧鲜花去寺院供拜佛像，他坚持不懈，从不间断。寺院里的禅师看在眼里，称赞他说："你常用鲜花来供奉佛，来世一定会得到好报。"

　　这个人听了禅师的话非常高兴，便对禅师说："我到寺院用鲜花供奉佛，每次来心中如同甘露冲洗般的清净，可在家中我往往被冗杂的家事搅得心神不定，在街市间往往被尘嚣弄得神志不清。您说，怎样才能使我的心常保清净呢？"

　　禅师反问道："那么你知道如何使鲜花长期保持鲜活吗？"

　　"那容易呀！只要天天浇水换水，去掉烂梗，花朵就能够保持鲜活了。"

　　禅师笑道："这就对了，一个人要让自己的心常保清净，需净化身心，领悟清净的意义。"

　　这个人谢过禅师："大师德高望重，能够让我顿悟，我今后一定常来寺院向大师请教，还想搬到寺院住上一段时间，过过修行的生活，享受一下鼓钟和梵呗的清净之音。"

禅师敛起笑容，说："你的身体就如同寺院，你的双耳就如同菩提。你跳动的脉搏就如同鼓钟，你的胸腔呼吸就如同梵呗，你的言辞举止间无处不可以清净，为什么一定要执着于寺院的形像，非要住在寺院修行呢？你可以阅读佛经的教义，寻找修道的标准，参照它们反躬自省，修行重在修心思过呀！人只有修心思过才能养性，只有养性才能懂世间道理。"

这位禅师一语点破玄机：人生的修行贵在修心、思过，提高自身的修养，而不在于表面的刻意行为。生活其实也是这个道理。

如今，有些人追名逐利，热衷于迎来送往、觥筹交错；有些人喜欢阿谀奉承，流连于蜚短流长；有些人沉湎于游戏人生，终日里寻欢作乐……能够真正在忙碌中停下来静心思考一下自己忙碌的目的、想想人生的意义的人并不多。一些人的心灵被各种各样的欲望所占据，他们就算是有时间也不会读些对自己提高修养有助益的书，也不会找时间反省自己到底有哪些不足，有什么需要学习的地方。

人生的意义不在于一定要挣更多的钱或者功成名就，利用闲暇时多读些对自己有启发的书，增长知识，常反省自己的不足对自己尤为重要。人要有在五光十色的繁华都市中

"采菊东篱"、"击节而歌"的潇洒；要在他人执着逐利时让自己的心灵避免纷扰，洞察世事，回归简朴，达到"落花无言，人淡如菊，心静如水"的境界；要在潮起潮落的人生舞台上"宠辱不惊，看庭前花开花落，去留无意，望天上云卷云舒"；要有平淡对待得失，冷眼看尽繁华；畅达时不张狂，挫折时不消沉的好心态。

闲暇时，随手翻翻书，文苑畅游，沉潜其中，感受唐诗格律，品味宋词韵致，何其乐哉；夜深人静时，挑一盏孤灯，捧一卷书，端一杯浓茶，从书中纵览古今，横历中外，看世间荣华，阅人间沧桑，何其悠哉！读书不但能给人带来心灵上的宁静，更能让人们品味生活的冷暖，探索生命的意义，对人提高修养、更好地生活有着非同凡响的意义。所以，别小看了读书、养性、思过这些事，每个人都应该多读书、多养性、多反思，看看自己曾经走过的"路"，从而更好地修养自己的心性，体悟出生命的真谛。

目 录

上篇 读书

中篇　养性

下篇 思过

上篇

读书

珍惜时光，不虚度年华

任何人想要成就一番事业，都不可能是一蹴而就的，必须踩着时间的阶梯一级一级地攀登。比如，人们对各门科学的学习和研究，必须在一定的时间内进行；任何人的努力，只有通过时间的积累，才能转化为成果。

事实证明，成功是个定向积累的过程。以一天为例，人只有集中心力有效地利用这一天，日后才能留存这一天努力的成果；而如果不立下目标，只是浑浑噩噩地得过且过的话，时间就不会留下任何痕迹，只会白白流逝。一天如此，一周如此，一月如此，一年如此，一个人一生的时间都是如此；因此，人们要珍惜每一天，只有充分利用每一天，这样才能不让自己的大好年华荒废、虚度。

伟人们在其有限的一生中，做出了超越常人的贡献，他

们靠的也是时间一点一滴的积累。人们赞叹莎士比亚的伟大，与他一生创作和翻译了 600 多万字著作息息相关；人们赞叹爱迪生伟大，离不开他一生拥有的 1000 多项科学发明专利。

一个人在时间中成长，在时间中前进，在时间中改造客观世界，在时间中谱写自己的人生之歌。所以，一个人要想让自己的才华得到充分发挥，踏上成功之路，就必须养成充分利用时间的习惯；要知道，任何事要想取得一定的成果，必须珍惜分分秒秒的时间，充分利用点点滴滴的时光全身心投入其中才行。如果总在漫不经心、浑浑噩噩中过日子，就算一个人具有"年龄优势"，但随着时光的流逝，慢慢地他的"年龄优势"也会消失。这样的人虚度了人生的很多时光，他们到老也做不出什么成绩，而等到他们发现自己虚度了一生而一事无成时，却为时已晚、追悔莫及！

《论语》中有这样的记载：

子在川上曰："逝者如斯夫！不舍昼夜。"意思是，孔子站在河边，看着逝去的河水，感叹道："消逝了的时间就像这河水一样啊！日日夜夜奔流不息。"可见，孔子早就体会到了时间的宝贵和充分利用有限的时间对一个人成长和发展的重要性。他以流水比喻时间，生动而明确地向人们宣告了自己对世界认识的动态观、发展观。那就是：世上的一切似同流水，随着时间的推移，万事万物都在永不止息地运动着、变化着。这启示人们，岁月如流水，要珍惜大好光阴，充分重视时间的价值，努力学习，勤奋工作。

时间是世界上最宝贵的财富，伟大的物理学家牛顿曾在一场熊熊大火吞噬了他的财产也烧毁了他数年辛勤研究的手稿时流着泪发出过这样的感叹："可惜，时间呀！"

珍惜时间是中华民族的传统美德，战国时期的苏秦，他年轻时虽有雄心壮志，但由于学识浅薄，游历各国却处处"碰壁"。后来他下决心发奋读书，有时读书读到深夜，实在疲倦、快要打盹的时候，就用锥子往自己的大腿上刺去，刺得鲜血直流。他用这种"锥刺股"的特殊方法，驱逐睡意，让自己振作精神、坚持学习，后来终于成为著名的政治家。

是啊，"天才出于勤奋"，任何人的任何一种才能，都是

通过刻苦学习和勤奋工作逐步积累起来的。有人曾经称颂鲁迅是"天才"，鲁迅的回答是："哪里有天才，我是把别人喝咖啡的工夫都用在了工作上。"爱迪生也说过：天才，就是1%的灵感加上99%的汗水。鲁迅一生中640多万字的著作译作，爱迪生一生中2000多项发明，都为他们的话作了很好的注解。由此可见，一个人只有通过刻苦学习和勤奋工作，使自己的"年龄优势"逐渐转化为"知识优势"、"才能优势"或"事业优势"，才能使自己的"生命之舟"驶向理想的彼岸。

勤奋的习惯重在养成，贵在坚持。有的人也许能勤奋于一时，但难于坚持到底，这种"三天打鱼，两天晒网"的方式是不会有效果的。虽然玩玩纸牌、看看电影，本来是人业余休闲生活的一部分，然而一个人如果长期沉溺于此、乐此不疲，大好时光就会偷偷溜走；虽然家室之乐、亲子之爱，自然为人生之乐趣，但是，一个人若是太"儿女情长"了，往往会"英雄气短"。

时间对每个人都是平等的，但不同的人对时间的利用却有所不同，凡是聪明人都会加倍珍惜时间，充分利用时间，不断提高时间的利用率。抛开环境与技巧的因素不谈，人与人之间，在这个问题上还有个最根本的区别，那就是：你的时间是以小时为单位，还是以分为单位，甚至是以秒为单位呢？有个说法非常形象："用分钟来计算时间的人，比用小时来计算时间的人，时间多59倍。"

在理财上，小额投资足以致富是个浅显的道理，同样，生活中很少有人注意到对零碎时间的珍惜和利用也足以使自己受益无穷。在人人都非常繁忙的现代社会，时间在无形中的相对流失更迅速，诸如等车、候机、等人、塞车……其实，这些零散时间都可以被人们充分利用。如果你充分利用每一分钟的零散时间，你就可以避免时间的浪费，积少成多，利用这些积攒起来的时间去做一些有意义、有价值的事情，就会取得一定的成果。

一位著名的美国学者说："片刻的时间比一年的时间更有价值，这是无法变更的事实。时间的长短与重要性和价值并不成正比。偶然的、意想不到的5分钟就可能影响你的一

生。"诺贝尔奖获得者雷曼的体会更加具体，他说："每天不浪费或不虚度或不空抛剩余的那一点儿时间。即使只有五六分钟，如果利用起来，也一样可以有很大的成就。"

爱因斯坦在组织享有盛名的奥林比亚科学院时，每晚的例会中，他总是愿意和与会者手捧茶杯，开怀畅饮，一边饮茶，一边谈话。爱因斯坦就是利用这种闲暇时间，来与别人交流思想，把这些看似平常的时间利用起来。他后来的某些思想和很多科学创见，在很大程度上都源于这种饮茶之余的种种交流。如今，当年爱因斯坦曾经用过的茶杯和茶壶早已成为英国剑桥大学的一项"独特陈设"，以纪念爱因斯坦利用闲暇时间的创举。

美国近代诗人、小说家和出色的钢琴家艾里斯顿善于利用零碎时间的方法和体会颇值得人们借鉴。艾里斯顿在自传中写道：

"其时我大约只有14岁，年幼疏忽，对于爱德华先生那天告诉我的一个真理，未加注意，但后来回想起来真是至理名言，从那以后我就得到了不可限量的益处。

"爱德华是我的钢琴教师。有一天，他给我教课的时候，忽然问我每天要花多少时间练琴，我说大约每天三四小时。

"'你每次练习，时间都很长吗？是不是有个把钟头的时间？'

"'是的，我想这样才好。'

"'不，不要这样！'，他说，'你将来长大以后，每天不会有长时间的空闲。你可以养成习惯，一有空闲就几分钟、几分钟地练习。比如，在你上学以前，或在午饭以后，或在工作的休息余闲，5 分钟、5 分钟地去练习。把小的练习时间分散在一天里面。如此弹钢琴就成了你日常生活中的一部分了。'

"当我在哥伦比亚大学教书的时候，我想兼职从事创作。可是上课、看卷子、开会等事情把我白天、晚上的时间完全占满了。差不多有两个年头我一字不曾动笔，我的借口是没有时间。后来我才想起了爱德华先生告诉我的话。到了下一个星期，我就把他的话实验起来。只要有 5 分钟左右的空闲时间我就坐下来写作 100 字或短短的几行。

"出乎意料，在那个星期的终了，我竟积累了相当多的稿子可供我做修改。后来我用同样积少成多的方法，创作长篇小说。我的教授工作虽一天比一天繁重，但是每天仍有许多可利用的短短余闲。我同时还练习钢琴，发现每天小小的间歇时间，足够我从事创作与弹琴两项工作。"

所谓"零碎时间"，是指不构成连续的时间或一项事务与另一项事务衔接时的空余时间。这样的时间往往被人们毫不在乎地忽略了。零碎时间虽短，但倘若一日、一月、一年地不断积累起来，其总和也将是相当可观的。凡是在事业上有所成就的人，几乎都是能有效地利用"零碎时间"的人。

富兰克林在有效利用"零碎时间"方面也堪称人们的楷模："我把整段时间称为'整匹布'，把点滴时间称为'零星布'。'做衣服'有'整料'固然好；倘若'整料'不够，就尽量把'零星的布料'用起来，每天二三十分钟，加起来，就能由短变长，派上大用场。"这是成功者的秘诀，也是值得人们学习借鉴的好方法。

每个人其实都拥有一定的空闲时间，只可惜大多数人都不懂得如何利用这些零散的时间段。为了解决这个问题，人们最好每天都为下一天可以预见的空余时间做好准备。比方说，如果你提前知道第二天自己要约见的那个客户经常让别人久等，那你就可以带上一些还没看完的公文或是专业文章，以备不时之需：万一需要等待他时，你可以利用这段时间看看那些公文或者文章。

"零碎时间"是一座"宝藏"！只要你利用好每个 1 分钟、5 分钟、10 分钟，时间长了，这些"几分钟"的时间累积起来就成为很长的一段时间。可以说，利用"零散时间"就是创造时间。只要你愿意坚持，相信你可以利用"零碎时间"做好更多的事情！

"学"与"思"并重，才能不断进步

当今社会，是一个高度重视效率的社会，这样的社会要求人们更加勤奋，而真正的"勤奋"，是要在智慧引领之下的"勤奋"，而非只知道埋头苦干，去做一些事倍功半的无价值事情的"勤奋"。

这个道理其实中国古代的先贤们早就发现并提倡了。孔子强调"学"与"思"并重。《论语》中，孔子说："吾尝终日不食，终夜不寝，以思，无益，不如学也。"《荀子·劝学》中也有这样的名言："吾尝终日而思矣，不如须臾之所学也。"这正是孔子语录的转述。

想来的确如此的，凡事都有有其片面之处，"学"是"思"的基础，无"学"的基础，一味去"思"，只能是无谓的"空想"，何谈进步？当然，为了避免"死读书"、"读死书"，人们在学习的过程中，需要掌握一些技巧。

其一，"学"与"思"的结合。

读书唯有经过思考、观察和实践，才能"读到糊涂是明白"。对于思考与读书的关系，古人有很多见解。张载说："万物皆有理，若不知穷理，如梦过一生。"朱熹说："后生学问，聪明强记不足畏，唯思索寻究者为可畏耳。"鲁迅先生也说："倘只看书，便变成书橱，即使自己觉得有趣，而那趣味其实是已在逐渐硬化，逐渐死去了。"因此，为防止读书"硬化"，甚至逐渐"死去"，第一要则就是"思索"。

其二，"学"与"问"的结合。

提问是解决问题的一半。凡有创造者，无不从发问始，创造者，必然精审细密，却又眼光锐利，他能够看出问题，于是发而问之，无论什么"权威"，不明之处就要问，只有"问不倒"的"权威"才是"真权威"，只有问清楚的答案才是"真理解"。

其三，"知"与"行"的结合。

读书应与实干相结合。人如果读而不做，时间长了，就

会有些"书呆子"气，非但你自己看别人不明白，别人看你也觉得奇怪。现代社会中所谓的"人才"，不但要有知识、有文化，而且要有技术、有实际工作能力。人只有"知行合一"，才能做到"学海无涯，书山有路"，才能将古往今来的优秀书籍化为人生丰富的养料。

下面两则小故事就说明了这个道理。

故事一：

有一天深夜，著名的现代原子物理学的奠基者卢瑟福教授走进自己的实验室，看见了一个研究生仍勤奋地在实验台前忙碌着。卢瑟福关心地问道："这么晚了，你在做什么?"研究生回答："我在工作。""那你白天做什么了?""也在工作。""那么，你一整天都在工作吗?""是的，导师。"研究生带着谦恭的表情说道，似乎还期待着卢瑟福的赞许。卢瑟福略作思考后说："你很勤奋，整天都在工作，这自然是很难得的，可我不能不问你，你用什么时间来思考呢?"卢瑟福对这个研究生"勤奋"的质疑，使他明白了要用足够的时间来思考的重要性。

故事二：

有一位记者曾问比尔·盖茨："你成为当今全球首富，个人资产高达数百亿美元，你成功的主要经验是什么？"比尔·盖茨十分明确地回答："一是勤奋工作，二是刻苦思考。"

可见，人通过认真思考可以避免"勤奋"工作的盲目性，当"勤奋"有了更明确的方向和目标，人做事时才可以事半功倍。

生命不息，求知不止

"人生在世，事业为重。一息尚存，绝不松劲。"这是吴玉章先生的名言。人的一生相对于漫漫宇宙是如此短促、如此渺小，一个人要想获得成功，就一定要把读书学习的习惯作为自己日常生活方式的一部分。原因何在？因为这样何等至少有如下几点好处：

（1）人只有通过每天学习，才能不断提高自己的修养，使自己逐渐具备高尚的美德。

在中国封建社会，读书求知有两种目的：一种是为了做官、为了谋生；另一种则是为了完成自己的人格塑造。以儒家的观点看，前一种求学是虚无的，不实在的，后一种求学才是实在的、能够安身立命的，即所谓"为己之学"。但必须注意，这里所说的"己"，不是一个孤立绝缘的个体，而是一个在复杂的人际关系中所显现的"中心点"。这个"中心点"永远也不能成为完全孤立的、与外界毫无联系的发展形态。因此，要完成自己人格的塑造，就关系到要培养和发展他人的人格，即所谓"己欲立而立人，己欲达而达人"，而这样，就不可避免地要对国家、对社会、对他人负有责任。真正拥有独立"人格"的人，在完成对社会的责任的同时成就了自己，他们是无私的，不求回报的。中国自古以来不乏这样的"有德之人"：诸葛亮鞠躬尽瘁、死而后已，文天祥坚贞不屈、慷慨赴死。他们图的是什么？他们所图的只不过是完善自己的人格，而不求什么回报。

当今社会，一成不变的知识结构是不能满足现实需要的，人要抱持与时俱进的精神，不断学习，不能仅仅满足于自己目前所知道的知识，这样做不但能让自己跟上时代的步伐，关键是还有益于自己个性的完善，为社会做出自己应有的贡献。

有学者总结了读书的"三重境界"："为知，为己，为人"，很值得我们借鉴。

　　"为知"，就是为了积累知识，增长学问、见识和智慧而读书。为此，必须多读书，读好书。宋太宗说："开卷有益，朕不以为劳也。"皇帝是如此，一般读书人更应该把读书当成一种永不疲倦的好事来对待。在一定情况下，"书淫"、"书疾"、"书呆子"，作为读书的一个过程，作为一种求学精神与状态，是不应当受到人们嘲笑的。只要是有利于知识积累、有利于开慧益智的书，用鲁迅的话说："哪怕是讲扶乩的书，讲婊子的书，也不要皱眉头，装出一副很憎恶的样子；相反，不妨翻一翻遇有和自己观点不同的或者不适时宜的书，也要拿过来看一看，甚至研究研究，以便从正反两面获得经验和教训，增加知识和才智。"总之，博学从而多才多艺，这些都是人"为知"的需要，也是人们读书的最起码、最基本的要求和目的。这是读书的第一重境界。

　　"为己"，就是古人所说的"修身"、"正己"，培养自己的人格、道德和情操。这是读书的第二重境界。中国的读书人向来把占有知识视为人品、人格自然升华的保证，苏东坡有"腹有诗书气自华"的诗句，其中表达的就是这个意思。

事实证明，读书的人与不读书的人，读书多的人与读书少的人，他们身上所表现出的内在气质与素质是绝不相同的。常言道，"独善其身"，练好"内功"，提高自身的素质和修养，从而也有益于身心健康，这是古今知识分子共同追求的读书目标。人们读书固然要博览，但是所读之书，也要尽可能有所选择。换句话说，人不仅要多读书，还要读好书，这是甚为关键的。

对于读书完全"为知"而言，"为己"已经是大大提高了一个层次和境界。这是非常宝贵的认识，也是非正人君子不易做到的，这种精神应该大力提倡，并且大加发扬。但是人只是做到这一点还远远不够，从更高的层次上说，还应该向前人学习，"为人"而读书。

"为人"，不是指"今之学者"的"装饰自己，给别人看"的"为人"，而是为"天下人"，为"黎民百姓"，或许可以说是像周恩来少时所说的"为了中华之崛起"而读书。比较而言，"为己"是读书人"能够"做到的，"为人"则是读书人"应该"做到的。这是读书的第三重境界。

上文提到的读书的"三重境界"，是我们每一个现代人都应该重视和追求的终极学习目标。

（2）知识在于积累，把读书学习作为生活中的一种重要习惯是人的求知之道。

有一句名言说得好："知识在于积累"。中国古人是很懂得这个成才之道的。荀子在《劝学篇》中先用"积土"、"积水"来比喻："积土成山，风雨兴焉；积水成渊，蛟龙生焉。"他还强调："不积跬步，无以至千里，不积小流，无以成江海。"意思是，一个人只要日积月累、锲而不舍地读书，就能成为高如大山、深如江海那样学识渊博的人。

一个人要想成为人才，他对知识的要求将是无限的。可是，海量的知识，不可能在一朝一夕间装到一个人的头脑里，变成他自己的东西，这就充分体现了在日常生活中知识积累的重要性。古往今来的许多重要著作，都是其作者积累了大量的知识后的结晶，这充分说明了知识的重要性：《资本论》这部伟大的著作凝聚了马克思40多年知识积累的心血，书中的大量资料，来源于马克思读过的1500多种书籍。

他在阅读这些书籍时写的笔记，包括手稿、摘录、提纲、札记等文，至少有100多本。因为马克思平时就十分注意积累和观察，所以他的头脑里才装下了"多得令人难以相信的历史及自然科学的事实和科学理论"。想想看，马克思一生中的每一天，的确是把读书学习和治学思考作为了自己的一种生活方式，无怪乎他最后能有那么大的建树。马克思的这种认真求学的精神值得我们每个人学习和敬仰。

我国北魏时期贾思勰写作的农业科学著作《齐民要术》，是他经过"采捃经传，爰及歌谣，询之老农，验之行事"而完成的。《齐民要求》共92篇，分为10卷，旁征博引先秦以来的典籍一百五六十种。贾思勰如果不是注重在日常生活的每一天用心求知治学，怎么可能写成这样一本伟大的专著呢？所以，"天下无难事，只怕有心人"，一个人只要把读书学习作为生活中的一种重要的习惯，一定可以有所作为。

人生的路要一步一步地走，知识要一点一滴地积累，积学如储宝，积少便成多。古往今来，许多有成就的人都

是靠日积月累地勤学不辍才取得了非凡的成就，所以，我们要想成就自己的美好人生，成为有涵养、有学识的人，做出自己的一份事业，就不可以忽视知识的积累。一个人只有这样一点一滴地积少成多，才会为自己将来的成才铺平道路。

知之者不如好之者

无论是学习还是进德修业，都应有三种不同的境界："知道"、"喜好"、"乐在其中"。

"知道"偏重于理性，对象外在于己，"你是你，我是我"，往往失之交臂，不能把握自如。所以，当需要人们身体力行进行实践的时候，往往难以做到。比如说，人们都"知道"锻炼身体很有好处，很有必要，但要做到天天早上起来坚持锻炼身体，那就很少有人能做到了。

"喜好"触及情感，发生兴趣。就像一位熟识的友人，又如"他乡遇故知"，油然而生亲切之感，但依然是外在于我，相交虽融融，物我两不知。比如说，很多人都会说自己"喜好"看书，这是确实的，但"喜好"的程度有所不同，大多数人是"好读书，不求甚解"，这本书浏览一下，那本

书翻阅片刻，一会觉得有些累了，就扔在一边，以后再读。这就是"好之者"，比"知之者"已经有所进步了，但是，其人读书的动力仍显不足，境界仍然不高。

"乐在其中"才是"乐之者"的境界。这种境界用一个最恰如其分的词语来形容，就是"陶醉"。"陶醉"于其中，以它为赏心乐事，就像最亲密的伙伴一样，达到物我两忘、合二而一的境界。正如《论语》中孔子所说："知道它的人不如喜好它的人，喜好它的人不如以它为乐的人。"《论语》中记载，颜回住在贫民窟里，用竹篮子打饭，用瓜瓢舀水喝，很多人都忍受不了那种贫困，而颜回自己却乐在其中；又比如孔子，发奋起来就忘记了吃饭，高兴起来就忘掉了忧愁，甚至连自己快要老了也不知道。这才是真正达到了"乐之者"的境界！

因此，一个人为了让自己拥有巨大的学习动力，为了取得良好的学习效果，要有意识地去培养自己在学习上的"兴趣"。

所谓"兴趣"，指人们积极探究某种事物或进行某种活动的倾向。"人"，作为一个生物体，每时每刻都在探究着，活动着。但人的探究和活动的情形是很不相同的，有的人是主动的行为，有的人是被动的行为。有的人任何事都不想尝试，把学习当成负担，这是一种被动的活动倾向；而有的人什么都想试一试，把学习当成享受，这是一种主动的活动倾向。可以说，前者是无"兴趣"状态，而后者则是"兴趣"状态。

"兴趣"最重要的特征就是思维和活动的积极主动性，正因为"兴趣"有这一特征，因此它能为人们的生活增添色彩。生活的历程如水上行舟：有时风平浪静；有时狂风巨澜；有时顺流而下，一泻千里；有时狂澜如山，迂回曲折。"兴趣"是以"热爱"为前提的，它使人们更加热烈地拥抱生活，更加深刻地理解生活。一个有着浓郁兴趣爱好的人，哪怕他的生活道路再曲折、再坎坷，他也不会被生活的逆境所打败；相反，他能以自己热烈的情感去"征服"生活，成为生活真正的主人。

爱因斯坦说过："对一切人来说，只有'热爱'才是最

上篇 读书

25

好的老师。"在某种意义上,"热爱"和"兴趣"同义。一个人只有对某一事物感兴趣,才会去"热爱"它;而一个人对于他自己所"热爱"的东西,总能对其保持"兴趣"。因此,我们完全可以说,"兴趣"是一个人最好的老师,总能引导人们去向知识的高峰攀登。

大凡在学习创造上做出突出成就者,都是其本人先有明确的兴趣爱好,然后才有了强大的动力驱使自己在该领域不断开拓、创新而最终取得丰硕成果、做出突破性贡献。可以说,这几乎是所有成功者的必经之路。

历史上,许多科学大师、文坛巨擘、实业巨子和在各领域中获得成功的人才,都是从"兴趣"、"爱好"起步的。英国生物学家达尔文在谈到对自己的事业发生影响的因素时说:在学校时期即有强烈多样的趣味,沉溺于自我感兴趣的东西,深入了解任何复杂的问题与事物。"兴趣"的动力是最自觉、最持久的动力。"兴趣",是人才成长的起点,一个人对任何事物有了浓烈的"兴趣",不用别人推波助澜,他也能自主地调动自己的精力和才华,自觉地、全身心地投入自己所热衷的事业中，向知识的纵深领域"进军"。

对某一领域"兴趣"盎然的人，是不会感到拼搏之苦的。科学家杨振宁曾谈到自己的体会："上海一本杂志写了一篇文章，介绍我的生平。那篇文章有一个小标题叫作'终日计算，沉思苦想'。那家杂志社没有就此征求我的意见，其实我并不同意用这个小标题，尤其不同意用这个'苦'字。什么叫'苦'？自己不愿意做，又因为外界压力非做不可，这才叫'苦'。我做物理学的研究没有'苦'的观念。物理学是非常引人入胜的，它对我的吸引力是不可抗拒的。如果一个人觉得研究学问很'苦'，他应该考虑自己是否应该选择这个研究方向？是否应该再继续下去？"

是的，当一个人在做自己所感"兴趣"的事情时，他往往不容易感到劳累，他决不会感到工作是受苦、是受折磨。因此，他会不知疲倦、以苦为乐，甚至甘愿将自己毕生的精力都献给这项事业。这就是"兴趣"的神奇之处，它能使人在精神上始终保持着一种昂奋状态，将自己的注

意力高度集中，从而使得人能尽善尽美地完成自己的工作，它能将奋斗者推向事业的瑰丽彼岸。

所以，培养良好的"兴趣"、"爱好"对一个人的身心发展极为有利，人们既要培养较广泛的兴趣，同时又要确定一个"中心兴趣"，并使这一"兴趣"保持持久、稳定的状态。坚持发展"中心兴趣"，能使人们在某一领域"贪婪"地、大容量地吸纳知识，在某一方面发展特殊的才能，从而使人们不断取得新的成绩。

如果你的"兴趣"、"爱好"广泛，那么，你的精神上会感到欢乐、愉快，你也必然会有旺盛的精力和健康的身心。

敏而好学，不耻下问

"不耻下问"是中国历代传统推崇的一种美德，也是古代先贤们极力倡导的一种学习态度。

《论语》中有这样的记载：子贡问曰："孔文子何以谓之'文'也？"子曰："敏而好学，不耻下问，是以谓之'文'也。"

用今天的话来说，就是子贡问孔子："孔文子为什么被谥为'文'呢？"孔子回答说："他聪明而又好学，不以向不如自己的人请教为耻，所以被赐予'文'的谥号。"可见，作为儒家代表人物的圣人孔子把"不耻下问"上升到了相当高的地位。为什么这样说呢？这就要讲到中国古代有关"谥号"的知识了。

在中国古代，君主、诸侯、大臣、贵族死后都要依据其生平事迹给他们一个带有评价意味的称号，这就叫作"谥"，所给的这个称号也就叫作"谥号"。关于以"文"为"谥号"的说法，有"经纬天地、道德博厚、慈惠爱民"等多种卓越品德的意思，也就是说，凡是能够被赐予"文"的"谥号"的人，都是一些非常有建树、有功德的人。那么，孔文子到底是因为哪一方面的品德而被谥为"文"的呢？子贡由此而发出了疑问，孔子对此的回答是："敏而好学，不耻下问。"

对一般人来说，"敏而好学"似乎还比较容易做到，而"不耻下问"做起来就非常之难了。因为，"敏而好学"不外乎是聪明而勤奋罢了；而"不耻下问"则是要求人们向不如自己的人请教，这不仅仅是一个"好不好学"的问题，而且还涉及一个人是否能摆脱自己的虚荣心、虚心向人请教的"面子"问题。

中国人往往爱"面子"，如果一个人自己地位卑下、能力弱，或者学识浅薄、孤陋寡闻，求教于位尊者、能力强者、见多识广者，那似乎对他来说克服自己的虚荣之心并不难，不会"以之为耻"；然而，一旦反过来，如果一个位尊者求教于位卑者，一个能力强者求教于能力弱者，一个学识渊博的大学者求教于学历低下的普通人，当事人便会感到脸上无光，有些人甚或因此耻于开口求教了。所以，尽管"不耻下问"是人们经常挂在嘴边上为之崇尚的古训，但要将其真正在生活中践行，还必须具备一些做人的修养才行。

孔子是春秋时期伟大的思想家、政治家、教育家，儒家学派的创始人，人们都尊奉他为"圣人"。然而，孔子认为，无论什么人，包括他自己在内，都不是生下来就有学问的。一次，孔子去鲁国国君的祖庙参加祭祖典礼，他不时地向人询问，差不多每件事他都问到了。因此，有人在背后嘲笑孔子，说他不懂礼仪，什么都要问。孔子听到这些议论后说："对于不懂的事，问个明白，这正是我要求'知礼'的表现啊。"

孔子之所以能被人们尊为"圣人"，就是因为他在一生中都始终抱持"敏而好学，不耻下问"的态度，他高标准地要求自己，对自己不懂的事一定要问个明白。他曾把人分为

"生而知之者"、"学而知之者"、"困而知之者"、"困而不学者" 4 种。他向来提倡"三人行，必有我师"，意思是说：别人的言行举止、必定有值得我们学习的地方。孔子所谓的"学习"是正反两方面吸取教训，比如，善良的人是我们"正面"的老师，对于他们的优点我们要加以借鉴；而邪恶的人是我们"反面"的老师，看到他们的缺点我们要加以警戒。二者对我们都有益处。

孔子认为自己总有不如别人之处。当别人称他为"圣人"的时候，他总是谦虚地说："我并不是生来什么都知道的人，只不过是爱好学习，勤奋去追求学问的人。"孔子甚至认为有"十户人家"的小地方，就会有一个像他自己那样的人，而那些人之所以碌碌无为，只不过是因为他们不如他自己好学罢了。孔子也瞧不起那种自己什么也不懂而故意装懂的人，他要求自己的学生们要"多闻"、"多识"。

据史书记载，孔子曾向郯国的郯子请教历史知识，也曾不远千里，西去洛邑，问"礼"于老子，他还曾向鲁国的乐官师襄学琴。所以，孔子虽然没有固定的老师，但他以能者为师，博采众家之长，从而使自己成为"圣人"。

不仅孔子如此，自古以来，很多有成就的人都是以"不耻下问"的求学态度不断向他人学习，从而促使自己不断进步，取得成就。

我国南北朝时期杰出的农学家贾思勰，一生孜孜不倦，刻苦攻读，知识渊博。他的著作《齐民要术》是世界农学史上最早的专著之一，也是中国现存最早的一部完整的农书。但是，他这样一位有学识的科学家，还向当时被一些人认为最低贱的农夫求教。有些人对此冷嘲热讽地说："赫赫有名的贾思勰，怎么还向羊倌求教，岂不太失体面了吗？"但贾思勰却毫不在意，他坚持像"小学生"那样，虚心地向别人请教，拜能者为师。

可见，一个人只有甘当"学生"，才能成为"先生"；而一个诚实的君子只有放下装腔作势、故弄玄虚的"架子"，做到"不耻下问"，才更值得别人尊敬。

唐代文学家韩愈在其广为人传颂的《师说》一文中，对"不耻下问"作了精辟的说明。他说："比我年龄大的人，他

懂得的道理自然比我早，我应向他们学习；而年龄比我小的人，如果他懂得的道理也比我早，我亦应向他学习。我是向他们学习知识和道理的，何必计较他们年龄的大小呢？"这就是他提出的"无贵无贱，无长无少，道之所存，师之所存"的为学观点。在这种思想的指导下，韩愈甚至认为学生未必就不如老师，老师未必就高明于学生。他说："闻道有先后，术业有专攻，如是而已。"韩愈在当时能有这样的思想是难能可贵的，他的思想理论，是对孔子思想的最好注释。

所以，"不耻下问"作为中华民族优秀的文化传统，一直源远流长，至今已成为众多有志之士的行为准则。京剧大师梅兰芳在这方面的表现也堪称楷模。

梅兰芳不仅在京剧艺术上有很深的造诣，而且他还是一位丹青妙手。他曾拜名画家齐白石为师，向其虚心求教，他总是执弟子之礼，经常为白石老人磨墨铺纸，全不因为自己的名气而轻慢自傲。

有一次，齐白石和梅兰芳同到一户人家做客。白石老人先到，他着布衣布鞋，其他宾客皆社会名流，他们或者是西装革履或者长袍马褂，齐白石身在其中显得颇为寒酸，别人因此对他并不重视。不久，梅兰芳来到，主人热情相迎，其余宾客也都蜂拥而上，一一同他握手。可梅兰芳早就知道齐白石也来赴宴，便四下环顾，寻找自己的老师。忽然，他看到了被众人冷落在一旁的白石老人，就急忙挤出人群，走到齐白石面前向他恭恭敬敬地叫了一声"老师"，向齐白石致意问安。众人见状都很惊讶，齐白石也深受感动。几天后，他特向梅兰芳馈赠了一幅《雪中送炭图》，并题诗一首：

"曾见先朝享太平，布衣蔬食动公卿。

而今沦落长安市，幸有梅郎识姓名。"

梅兰芳不仅拜画家为师，他也拜普通人为师。有一次他在演出京剧《杀惜》时，在众多喝彩叫好声中，他听到有个老年观众说"不好"。梅兰芳来不及卸妆更衣，就赶快派专车把这位老人请到自己家中。他恭恭敬敬地对老人说："说我'不好'的人，是我的老师。先生说我'不好'，必有高见，敬请赐教，学生决心亡羊补牢。"老人指出："阎惜姣上

楼和下楼的台步，按梨园规定，应是上七下八，博士为何八上八下？"梅兰芳听了恍然大悟，连声称谢。此后，梅兰芳经常请这位老先生观看自己演出，请他指正，并称他为"老师"。

梅兰芳先生这种虚怀若谷、不耻下问的心态多么值得人们学习和佩服，因此，在学习和生活中，每个人都要认识到学高为师、能者为师，从而才能做到"不耻下问"。

欲速则不达，"贪多嚼不烂"

常言道："欲速则不达。"人做什么事都要循序渐进，不要一味求快，求快反而达不到目的。比如，对于从政者来说，不能不顾客观条件的限制，盲目地强求速成的"政绩"；对于学习者来说，要注意打好基础，按部就班，以免"贪多嚼不烂"，反而影响学习效果。

人做事需顺其自然，顺应客观规律，乱来不得。古语云："绳锯木断，水滴石穿。学道者须要力索；水到渠成，瓜熟蒂落，得道者一任天机。"意思是说：把绳索当成锯子，摩擦久了，也可锯断木头；水滴落在石头上，时间一长，也可穿透坚石。做学问的人，也要努力用功，才能有所成就。水流到的地方自然能形成一条水道；瓜果成熟之后，瓜蒂自然会脱落。

"揠苗助长"的故事众所周知：

古代宋国有个人把禾苗种在地里后，就急切地盼望禾苗长大，每天都去地里看，结果发现禾苗长得很慢。他想，用什么办法才能让禾苗快点儿长高呢？于是他就自作聪明地把禾苗一棵一棵地拔起一点儿，心想，这回禾苗该长高了吧！谁知他第二天一看，禾苗全都枯死了。

这个故事说明，倘若违背客观规律去做事，就必定逃不脱失败的命运。所以人们在做事时要循序渐进，不能急躁冒进，需要等待时就要耐心地等待，而且必须脚踏实地努力，顺时而动，依势而行；要静观其变，相机谋事。因为，万事万物都是遵循其自然规律发展的，是不以任何人的意志为转移的，做事一味求快，只能适得其反。

那么，究竟什么是循序渐进呢？循序渐进，就是指做事、求学要由浅入深、由易到难、由近及远、由此及彼、由表及里、由低级到高级、由简单到复杂、由少到多、由具体到抽象，逐步达成目标，而不能一蹴而就。正如荀子所说："骐骥一跃，不能十步；驽马十驾，功在不舍。锲而舍之，朽木不折；锲而不舍，金石可镂。"

一个人用循序渐进的方法做事，看起来可能进步不显著、成果不明显，可是，由于这种进步是踏踏实实、脚踏实地的，因此，最终结果必然是有效率、有效果的。

意大利著名画家达·芬奇从画蛋开始，循序渐进，逐步提高了自己观察对象、表现事物的能力，练就了自己高超的绘画本领，使自己最终成为文艺复兴时期的艺术巨匠。

曾经有一位63岁的老人从纽约市出发，经过长途跋涉，克服了重重困难，步行到达了佛罗里达州的迈阿密市。在那里，有位记者采访了她。记者想知道，这段路途中的艰难是否曾经吓倒过她？她是如何鼓起勇气，徒步旅行的？

老人答道："走一步路是不需要勇气的。我所做的就是这样。我先走了一步，接着再走一步，然后再走一步，我就到了这里。"

可见，人们做任何事，只要先迈出第一步，然后再一步步地走下去，就会逐渐靠近目标。

宋代著名教育家朱熹曾说过："读书之法，在循序而渐

进，熟读而深思"、"未得于前，则不敢求其后，未通乎此，则不敢忘乎后"、"循序而有常"。他既反对杂乱无章、妄图一步登天的做法，也反对贪图"捷径、不求甚解的学风。许多古代学者大都有此看法。中国古典专著《学记》在论及学制这部分内容时，规定了 1～9 年每一段的逐步的具体要求。可见，中国古人就非常重视循序渐进的规律，因此，今人更应该积极向古人学习，养成循序渐进的良好习惯。

当然，循序渐进也并不是一件容易的事，它考验着一个人的意志力。日常生活中人们总会在某些时候想走捷径，想要一步登天，有时会为了漫长的持续努力的过程而烦躁不安，甚至试图放弃，不想再做任何尝试或停止付出，在这种时候，人们必须学会坚持自己的目标，并敦促自己为实现这个目标而不懈努力，这样才能让自己获得源源不断的动力，从而使自己一步一步地走向成功。

勤奋有度，劳逸结合

　　勤奋，是一种精神状态，是求知的动力。凡是学有所长的人，大都懂得一些勤奋得真知的道理。勤奋固然是人们做事所必需的，但是勤奋也要得法，要注意不损害健康。

　　任何事物都有个限度，超越这个限度，就会走向反面。勤奋也是如此，一个人如果虽勤奋却不得法，或勤奋过度了，即使他能学到知识，也会把自己的身体搞垮。孔子认为，颜回是个"勤奋好学"的"不惰者"，他与孔子"言终日"而不休息，为人也很聪明，能"闻一而知十"。但颜回的身体很虚弱，才29岁头发就都白了，到了31岁他就"不幸短命死矣"，因此没有留下什么著述。这实在是很可惜。

唐朝最著名的文学家韩愈说自己："吾年未四十，而视茫茫，而发苍苍，而齿牙动摇。"可见，"物到极时终必反"。

人的精力是有限的，因此，一味的勤奋并不可取，勤奋的人应该学会适当地放松和休息。这是人之用脑规律的需要，也是经过科学试验证实的。

有位心理学家做过这样的试验：他把智力和学习水平都非常相似的学生分成两组，让他们记忆同样难度的单词，等他们记熟之后，让一组学生休息五分钟，让另一组学生继续用脑思考别的难题，然后再让他们同时默写单词。结果，休息过的一组学生的默写成绩比没有休息过的一组学生的成绩要高出28%。

许多勤奋的人都很注意休息、强身健体，这样才能使他们自己在增长知识的同时拥有健康的体魄，从而为日后更好的学习打下基础。孔子身通六艺，是他所在那个时代最了不起的学者，而且他的身体很好，是个有名的"大力士"，《列子》和《淮南子》两书中说孔子能力举城关门闸，能疾跑追逐野兔。孔子教育学生，其中有射箭和驾兵车的项目。孔子终年70余岁，这在古代是超过了"古稀之年"的。宋朝著名的爱国诗人陆游，从少年时代起，不仅发奋刻苦读书，而且特别爱好舞剑，经常与友人"倚松论剑"，他还写下了"少年学剑白猿翁，曾破浮生十岁功"的诗句。陆游活了85岁，写诗9000多首，成为我国自古以来最多产的诗人之一。俄国大文豪列夫·托尔斯泰酷爱体育，67岁时还被选为俄国自行车俱乐部的名誉主席。他有时写作累了，还到厂房里去干些力气活，使自己忘记疲劳。托尔斯泰终年82岁，他常说："一个埋头脑力劳动的人，如果不经常活动四肢，那是一件极其痛苦的事!"爱因斯坦任教荷兰莱顿大学时，已是中年，他在紧张的劳动之余，还不时和他的同道埃伦菲斯特一起演奏名曲，用音乐洗刷他们头脑的疲劳。无产阶级的革命导师马克思、恩格斯一生十分注意锻炼身体，据《伟人与体育》一书介绍，他们都很喜欢游泳、划船、击剑、漫游、旅行等。

　　现代社会，竞争越来越激烈，人的压力也越来越大。越是这样，人们越应该时刻提醒自己注意科学用脑，做到劳逸结合，加强体育锻炼，在勤奋的同时注意休息，这才是长久之计。

知之为知之，不知为不知

中国人历来强调做人要求实，做学问要求真。古人曾记述、撰写了大量故事，用来讽刺那些不懂装懂、不虚心接受别人建议的人。下面的这个故事就是其中的一个。

宋国有一个愚蠢的人，他在山东临淄附近捡到一块颜色像玉一样的石头，其实这只不过是一块普通的燕石而已，但由于这个人没有见识，他惊喜得不得了，以为自己捡到了值钱的宝贝。他双手捧着这块燕石，一会儿把它贴在脸上，一会儿用手小心地抚摸。等他回到家里以后，还一个劲地盯着那块燕石看了又看，舍不得放手。

到了晚上，这个人要睡觉了，他只好把石头放进柜中。可他刚躺下不一会儿，忽然觉得心里很不踏实，于是就起身从柜中取出"宝贝"，把它放在枕头下，这才安心地睡去。

他睡着后不久，迷迷糊糊在梦中发觉有人偷走了他枕头下的"宝贝"，于是他又从梦中惊醒了。他翻开枕头一看，那"宝贝"在枕头下面安然无恙。可是这个人依然不放心，于是又将石头紧紧地握在自己的手中钻进被子里，然后将它捂在自己的胸前，这才睡着。就这样，他折腾了一夜，好不容易才熬到第二天天亮。

天亮后，这个人想，总是将宝贝握在自己手里也不是个办法，于是他请来工匠，用上好的牛皮做了一只装燕石的箱子。做这只皮箱共用了十层牛皮。愚蠢的燕人先用十层上好的丝绸将石头仔细包裹好，然后小心翼翼地把它放进皮箱里收藏起来。这样，他才放心了。

过了些日子，外地有一个客商听说这个宋国人得到了至宝，特地来到他家里请求观赏一下那块宝石。于是，这个宋国人在虔诚地斋戒七日之后，穿上端庄的礼服，又举行了隆重的祭祀，这才当着那位客人的面，十分郑重地打开用一层又一层皮革制成的箱子，再解开用一层又一层丝绸巾系成的包裹，把"宝石"郑重地取了出来。那个外地客商这才看到了这个宋国蠢人所谓的"宝石"，他禁不住"嗤"得一声笑起来，最后竟笑得前仰后合。这个宋国人大惑不解，他呆呆地望着客人问："你为什么如此发笑？"

那位客商止住了笑，认真地对他说："这只不过是一块燕石，它和普通的砖头瓦片没多大区别。"

宋国人听了大怒，指着客人气愤地说："胡说！你这是商人口中说出的话，你安的是骗子的心！"

那个外地客商受辱后扫兴地走了，而这个宋国的蠢人则把这块燕石更加严密地藏了起来，加倍小心地守护着它。

可见，一个人缺少知识并不可怕，可怕的是像那个把燕石当成宝玉的宋国人一样，既孤陋寡闻，又不懂装懂，听不进别人的忠告，做了蠢事还洋洋自得。

相比之下，倡导"知之为知之，不知为不知"的人则显得谦虚、诚实得多。

《列子》中记载了这样一个故事：

有一次，孔子到齐国去，在路上他看见两个小孩正在辩论问题。孔子看了，觉得挺有趣，就对跟在自己身后的学生

子路说："咱们过去听听孩子们在辩论什么，好不好？"

子路撇了撇嘴说："两个黄毛小子能说出什么大道理来？"

孔子说："掌握知识可不分年龄大小。有时候，小孩子讲出的道理，比那些愚蠢自负的成年人要强得多呢！"孔子说完，子路一下子涨红了脸，他不敢再说什么了。

孔子走上前去对那两个小孩和蔼地说："我叫孔丘，刚才看见你们争辩得很热烈，我也想参加你们的辩论，你们看可不可以呀？"

"噢，原来你就是那个孔夫子呀，听说你很有学问。好吧，就请你来给我们评一评，看谁说得对！"两个孩子说。

孔子笑着说："别急，一个一个地讲。"

其中，一个孩子说："我们在争论太阳什么时候离我们最近。我说早上近，他说中午近。你说我们俩谁说得对呢？"孔子认真地想了一会儿，说："这个问题我过去没有考虑过，不敢随便乱讲，还是先请你们把各自的理由讲一讲吧。"

刚才说话的那个孩子抢着说："你看，早上的太阳又大又圆，可到了中午，太阳就变小了。谁都知道：近的东西大，远的东西小。所以，我说早上的太阳近。"

另一个孩子接着说："他说得不对，早上的太阳凉飕飕的，一点也不热，可中午的太阳却像开水一样烫人，这不就说明中午的太阳近吗？"

说完，两个孩子一起看着孔子，说："你来评评谁有道理。"

这下可把孔子难住了，他反复想了很久，还是觉得两个孩子各自都有道理，实在分不清谁对谁错。于是，他老老实实地承认："这个问题我回答不了，以后我向更有学问的人请教一下，再来回答你们吧。"

两个孩子听后哈哈大笑："人人都说孔夫子是个圣人，原来你也有回答不了的问题呀！"说完两人就转身离开了。

子路很不服气地对孔子说："您真应该随便讲点什么，让他们服气。"

孔子说："不，如果不是老老实实地承认自己不懂，怎么能听到这番有趣的道理。在学习上，我们知道的就说知

道，不知道的就说不知道。只有抱着这种诚实的态度，才能学到真正的知识。"

孔子之所以被尊为"圣人"，除了因为他拥有渊博的学识之外，和他严格要求自己、奉行诚实的原则也是分不开的。"知之为知之，不知为不知"，诚实地面对自己，以诚实的态度去面对别人、面对问题，正是儒家思想精髓的一个方面，也是中华民族历代仁人志士所奉行的为人处世的基本准则。

在此方面，诺贝尔奖得主丁肇中教授的做法也颇值得一提。

丁肇中教授在接受记者采访或在大学演讲回答别人提问时，常有"不知道"之辞出口。例如，有学生问他"物质是否存在正反物质之外的第三种状态"时，他坦诚地回答"不知道"，并强调"我不知道的就绝对不能说知道"。

丁肇中教授作为著名物理学家，在高能实验物理、粒子物理等研究领域贡献突出，学术造诣很深，但面对大千世界、浩瀚学海，他也有不知道的学问。他对自己"不知道的学问"不是不懂装懂，而是坦言"不知"，这同样是一种科学态度，实在令人肃然起敬。同时，这也从另一个方面凸显出他严谨治学的可贵品格。

现实中，具有丁肇中教授这样品格的人有很多，而缺乏这样品格的人也绝非个别。有些人对自己熟知的事情表示"知道"很容易，但对自己不知道的事情坦言"不知"却缺乏勇气。这特别是在一些有"专家学者"头衔和有某个"官衔"的人身上，表现得更为明显。比如，有的教授在学生面前或大庭广众之下，对自己不知道的学问不但没勇气坦言"不知"，往往还以"这个问题太复杂、太深奥"之类的说法来搪塞；再如，有的官员在下属和群众面前，往往以"百事通"的面目出现，对自己不懂的事也要装作很懂地"指导"一番。

之所以存在这类现象，主要原因是那些人缺乏科学求实的精神，他们的虚荣心太强，害怕自己当众说了"不知道"就"伤面子"、"掉底子"、"降身价"。殊不知，人们真正敬重的，是那种具有"以知为知、以不知为不知"科学求实品

格的人，而对那些无知妄说者则往往嗤之以鼻。

《荀子》说："知而好问然后能才。"人敢于承认有些学问自己"不知道"，正是求得"知道"的新起点；人不知道而强说自己"知道"，则既失信于他人也无益于自己的长进。因此，无论是什么身份的人，传道授业也好，做学问抑或做事情也好，都应当有科学的态度、诚实的品格；否则，不但显示不出大家风范，反而还会贻笑大方。

融会贯通，创造性学习

在《论语》中，孔子说："学而不思则罔，思而不学则殆。"意思是："只学习不加思考则迷乱而不明，只思考不学习则空泛而不实。"以此告诫人们不要只是一味地研究经典，而不进行自己的审思。无"思"之学不仅无益，而且有害。在这点上，他与孟子所说的"尽信书，则不如无书"的观点，是一致的。孟子在这里所说的"书"，指的是《尚书》。但若将其范围再扩大一下，也可以泛指所有的经典。据此，正确的"学"与"思"的关系就既有不可偏废于"单纯的学"的这一面，也有不可执迷于"单纯的思"的另一面。可以将它们称之为经典研习的"有益"与"有害"：在审思中研习经典，是为"有益"，而缺乏"审思"单纯地研究经典，则是"有害"。

孔子的话是很有道理的。一个人如果只搬用教条，而不进行自己的思考、消化，那他就会毫无收获。思维在人认识客观世界乃至于科学的发明创造中具有重要的作用。思维是驾驭知识的才能，是消化知识、创造新知识的有效方式。西方哲学家康德有言："思维无内容则空，直观无概念则盲。"对此，我们亦可以说，"思而不学则空，学而不思则盲"。

人们常用一副对联来勉励学习："书山有路勤为径，学海无涯苦作舟"，但这并不能完全包含学习中的全部真理。其实，人在学习中只是"苦"，只是"勤"，并不一定就能学好，还必须掌握"为学之方"，这个"方"才是真正通往知识之山的"径"、驶向知识彼岸的"舟"。而这个"方"的发现和掌握决不能离开"思维"，所以应该说"思维"才真正是"书山之径"、"学海之舟"。

人在学习中，应该将学习与思考有机结合起来。一个人从接受知识到运用知识的过程，实际上就是一个"记"与"识"、"学"与"思"的过程。"学"是"思"的基础，"思"是"学"的深化，这正如人摄取食物一样，只"学"

不"思"，那是不加咀嚼，囫囵吞枣，食而不化，难以吸收，所学知识无法为"己有"。一个人只有学而思之，才能将自己所学知识融会贯通、举一反三。

"学"与"思"相结合，是人们掌握知识过程中的必由之路，古今中外无数成功者的事例无不证明了这一点。牛顿"思考"苹果落地发明了"万有引力"定律，波义尔思考紫罗兰发明了"指示剂"……

当今是知识爆炸的时代，知识的领域在不到一个世纪的时间内扩大了几倍。面对如此浩瀚的知识海洋，一个人只靠"死记硬背"是不可能吸收得了如此多的知识的，多思考才能举一反三，只有培养自己的独立思考能力和创新能力，不断获得有用的知识才能适应时代发展的要求。

很多人学习时，死守书本，不知变通，鹦鹉学舌，人云亦云。而创造性的学习，就是不拘泥，不守旧，打破条条框框，敢于创新，这样才能学以致用、学有所成。例如，德国的高斯在上小学演算从 1 加到 100 等于多少的问题时，他排除按部就班、机械相加的"笨"办法，采用：$1 + 100 = 101$，

$2 + 99 = 101$，……，$49 + 52 = 101$，$50 + 51 = 101$ 的方法计算，这样正好是 50 个 101。于是，他就很快计算出该题的结果为 5050。正因为高斯很注意创造性的学习，他在上中学时便发现了某些数学公式，后来成为举世闻名的数学家。

总之，人只有把学习和思考有机地结合起来，才能提出自己独到的见解，对自己的人生才能有所帮助。

不做"死读书、读死书、书读死"的人

孔子长期从事平民教育,是伟大的教育家。但是,他教学的目的,不是为"教"而"教",而是为了培养从政治国的管理人才。他的学生子夏有一句为人所共知的名言:"学而优则仕",这句话就极好地说明了这一点。既然是培养从政治国的管理人才,孔子用来培养弟子的学问,就必然是管理服务的学问。孔子有不少弟子都从政了,且他们都有一定政绩,有的人还赢得了人们很好的评价。这也从一个侧面证实了孔子教学与从政管理是密切相关的。

孔子非常关心社会,有"以天下为己任"的远大胸怀和强烈的社会责任感、使命感。因此,他在处理"治学"与"从政"这对矛盾时,是以"教"、"学"为手段,以"从政管理"为目的。

显然，"学以致用"在孔子那里是非常明确的。而这个"用"，主要指的又是"从政管理"，也就是后世儒家所说的"经世致用"。孔子的教学理念对我们现代人也是很适用的，那就是：要注意"学以致用"。

一个人不能为读书而读书，读书的最终目的是为了"用"。生活中有不少人也经常读书，甚至有的人读的书还很多。但是，有的人读了书能做到"活学活用"，有的人则读了书同没有读过差不多，甚至还带来了害处。

从古到今，很多读书人常常犯这样一个错误："读死书、死读书、书读死"。鲁迅先生笔下的孔乙己，就是这样一个典型。

孔乙己深受封建思想和科举制度的毒害，他年轻时一心要在科举考试中取得成功，谁料他的运气实在不佳，直到垂垂老矣仍未能如愿，自己反倒落了个贫穷潦倒，最后在饥寒交迫、羞辱无奈中凄凉地死去。

孔乙己的经历深刻地揭示了"读死书、死读书、书读死"的悲剧。类似这样的读书人，无论是在古代还是在现代生活中还有许多。

五代时期，有一个书生，一生读了很多书，并且将书背诵得滚瓜烂熟，人称他为"两脚书橱"，但是他不能活学活用，因而即使饱学诗书终究也没有用处。

　　在现实生活中也常常可以看见一些人，虽然他们爱读书却不能很好地加以利用，尤其是在商品经济大潮袭来时，那些平时不注意接近现实、对书本之外的事知之甚少或全然不知的读书人，几乎都感到无所适从、不知所措。

　　有些读书人，他们的学问或者理论水平很不错，却拙于实际操作，不能把书本知识与实际工作很好地结合起来。要想真正做到"学以致用"，就必须找到造成读书人不能"学以致用"的原因，并在实践中努力克服。造成读书人不能"学以致用"的原因主要有以下几点：

　　一是读书人常常辗转"三尺书斋"，只知一味埋头读书而疏于与实际结合，"两耳不闻窗外事，一心只读圣贤书"，只顾沉浸在书中所描绘的虚幻世界，而不知道屋外的真实生活中都发生了什么，久而久之便脱离了鲜活多姿的实际生活，而像一只"蚕"一样把自己紧紧地包裹了起来。

二是读书人自古就有一种清高自傲的毛病，喜欢孤芳自赏、顾影自怜，总以"精神贵族"自居，而不愿与普通人接近，这样做的结果往往是让自己闭目塞听、孤陋寡闻、自以为是。

三是读书人往往热衷"清谈"，却不善"动手"，所谓理论上的"巨人"，行动上的"矮子"，说的就是这种人。

读书人要想避免与实际脱离、不能"学以致用"的读书倾向，就要把"学以致用"作为自己必须遵守的一条原则。

其实，做到"学以致用"并不难，人如果能够从以下几方面去做，就会有效避免读书与实际脱节的倾向：

（1）人在广泛涉猎的同时，还要经常注意读报纸、收看电视和收听广播新闻，养成关心时事的良好习惯。

（2）人要在读书的同时注意思考，尤其要重视联系实际问题，要注意读那些现实性强、指导性强的书籍，把书本知识与实际生活联系起来。

（3）人要经常走出书斋，同普通人接触，了解他人的喜怒哀乐，掌握他人的思想动向，与群众打成一片。

（4）人要在掌握理论的同时，注意养成经常"动手"的习惯，通过亲自实践来印证或修正、补充和完善理论，使理论知识转化为实际工作效果。

（5）人要经常检查、反省自己的读书学习，是否紧扣实际需要，是否真正使自己增加了知识，增长了见识，防止为读书而读书，以至于"死读书、读死书、书读死"的倾向。

总之，读书人要防止自己成为只会读书不会运用的"书呆子"，只有这样才能使读书上升到一个较高的层次，才能在实践中很好地运用从书本中学来的知识。

中篇

养性

生命的意义寓于过程之中

在现实生活中，有的人看重的是事情的"结局"，而有的人看重的是事情的"过程"。究竟哪一种生活态度更加合理？对此，《菜根谭》中有句话讲得非常到位："风来疏竹，风过而竹不留声；雁度寒潭，雁去而潭不留影。"意思是说：当轻风吹过，稀疏的竹林会发出"沙沙"的声音，可是当风吹过去之后，竹林并不会留下声音，而仍旧归于寂静；当大雁飞过，寒潭固然会倒映出雁影，但是大雁飞过之后，清澈的水面依旧是一片晶莹，并没有留下大雁的影子。

不同的人对这段话往往有不同的理解，体味出不同的意境。有人还从中提取出了一副对联"风过疏竹不留声，雁渡寒潭不留影"。在某种程度上，人们也可以从这句话中体味出另一重深刻的含义：生命的意义寓于过程之中。

有一个深蕴禅机的句子，色彩鲜明、充满美感："红炉一点雪。"我们可以想象一下，漫天雪花飘舞，有一片雪花刚好落在旺火盛燃的炉子上。虽然在一瞬间，它便立即融化消失，但它给人带来的美感毕竟让我们记住了它的"存在"。

人的生命，不论长短，都像是一片雪花。它自天上洒下来，历程千万里，可以称为"长"；但它飘落堆积姿态快速，转瞬即逝，不容人们细看，便已经消失，因此也可以视作为"短"。——一两秒？百数十载？熊熊炉火，不由分说，便吞噬它了。它存在过，却来不及留下任何痕迹。当片片雪花"你挤我攘"地争着投向艳色，也不过是一场无谓的"追逐"罢了。

人生对任何人来说都是一个历练的过程。在人们流逝的生命过程中，每一段都联结着生命的价值，每一个过程都有其意义。有的人没有耐心留恋"过程"，活得匆忙而粗糙，活得空虚而无奈，他们寻找不到生活的意义。其实，生命的意义就寓于"过程"之中，那些撇下"过程"而只在"结果"中寻找意义的人，他们找到的只能是"虚无"。因为，生命并没有"结果"，每一个"结果"只是一个新"过程"的开始罢了。

这些道理并不是"形而上学"的哲学空谈，它对我们的生活是有现实指导意义的，在《百喻经》中有一个"半饼饱喻"的笑话，也许能说明这个道理：

有一个人肚子饿了，他走到饼店买饼吃。一块接着一块，他一连吃了六块饼。当第七块饼吃到一半时，他便觉得已经吃饱，突然间，念头一闪，他懊悔地捆打着自己的嘴巴说："我怎么这么笨？早知道吃这半块饼就会饱，就吃这半个好了。刚刚还白白吃了六块。我怎么这么笨啊！"

很显然，这个人的肚子吃饱，是之前吃掉的六块饼累积的结果，而他却以为，自己是吃了后面这半块饼才会饱，这是多么可笑的想法，也是不明因果的愚蠢。这个人犯了一个主要错误：他忽略了"过程"的重要性。

人生的很多美丽都在于"过程"，人们何必一定要急功近利地去寻找结局呢？有时候人只管耕耘、不问收获；只管追求、不再去设计什么石破天惊的蓝图，也能从中收获

美好的心情，也会有出人意料的惊喜。

人们在生活中其实不必非要执着于收获，要相信耕耘的过程也是伟大的，自己付出艰辛与汗水的过程更是值得的。在追求中，人们能收获坚强；从失败中，人们能收获智慧。可以说，"花开花谢"是一个"过程"，"生命荣枯"也是一个"过程"。

"过程"，能让本来平常的事物平添一种美感；"过程"，能让人拥有一份好心情。

"过程"是美丽的。人生的乐趣蕴藏在奋斗的"过程"中，生命的真谛在于细细品味岁月、享受人生。那种只看重结果不看重过程的人，只透支人生不珍惜人生的人，是不可能享受到真正的人生乐趣、创造出生命的辉煌的。

也许你现在做事还不太成熟，也许你现在为人还不太稳重，也许你现在经受挫折时的承受能力还不太强……虽然有诸多的不尽如人意之事，但是你不要着急，不要急于看到完美的结局，只要自己在人生的每一个"过程"中渐渐地长大，就一定会更加出色！

保有登高远望的开阔心境

每个人在生活中都会有委屈、无奈、抱怨的情绪，此时如果无法释怀，那么该怎样排解这些不良的情绪呢？有一位有智慧的长者颇有妙法，他时常劝慰那些前来找他诉苦或抱怨的朋友说："别纠结在那些鸡毛蒜皮的小事和烦恼中了，试试去登高望远或去找个开阔处眺望一下远方吧，也许这样能让你换个心情！"

这位长者说这不是他自己的理论，而是他借鉴了《菜根谭》的智慧。《菜根谭》是一部古人教人为人处事的智慧之作，其中有很多至理名言至今仍然深入人心。其中，像"登高使人心旷，临流使人意远；读书于雨雪之夜，使人神清；舒啸于丘阜之巅，使人兴迈。"这类句子至今流传，意思是说：登上高山放眼远看，就会使人感到心胸开阔；面对流水

凝思，就会让人意境悠远。在雨雪之夜读书，就会使人感到心旷神怡；爬上小山朗声而啸，就会使人感到意气豪迈。

这位长者的朋友中有些人半信半疑，不过他们也确实试着这样做了，令他们感到欣慰的是，结果的确有用。当他们再来找长者聊天时感慨颇深地说："当我登高远眺时，放眼四外，视野辽旷，心胸好像一下子就敞开了，再想想那些让人烦心纠结的事，仿佛也没有什么大不了的。"还有朋友问长者："说真的，站在开阔处我放眼望去，真有一种特别轻松的感觉，那让我的心情好了很多，真是神奇啊！"

长者说："其实，对于登高远眺的意境与怡悦，中国古人早有体会，比如这些诗句：'登高壮观天地间，大江茫茫去不还。''只有天在上，更无山与齐。举头红日近，回首白云低。''江流天地外，山色有无中。'都是说人与大自然亲近，天地即在己心，那一份宁静、安详之感便油然而生，人的心胸一下开阔了很多，使'攀缘'的心'无缘'施展，而'计较心'也无处着力。"

长者又说："即使在生活中，哪怕我们不能亲自去登高远眺，但只要保持登高远眺时的开阔心境，把自己的视野放开，做到内心淡然、超然物外，则无往而不乐。"

长者的这番话其实就是在告诉人们，一个人在生活中如果想获得快乐，关键在于拥有平和的心态，对任何事情都保持登高远眺时的开阔心境去看待，使自己的心情不为物役、不为境迁。这不是让人消极避世、不思进取，而是要人努力保持自己心态的平和、均衡。

有这样一个故事：

某村有个老爷爷，平日总是乐呵呵的，不管遇到多么麻烦的事，他的口头禅总是"太好了，太好了"。有一次一连几天下雨，村民们都为久雨不晴而大发牢骚，他却说："太好了，这些雨若是在一天内全部下来，岂不泛滥成灾，把整个村子冲走了？现在雨分成几天来下，这不是值得庆幸的事吗？"

还有一次，老爷爷的妻子患了重病。村民们以为，这次他不会再说"太好了"吧？哪知道，那些特地去他家里探

望老太太的人一进门，老爷爷还是连声说："太好了，太好了。"

那些前来探视的人不禁大为恼火，问老爷爷："你这样未免太过分了吧？自己的老伴患了重病，你还口口声声说'太好了'，你这到底存的什么心呀？"

老爷爷说："哎呀，你们有所不知。我活了这么一大把年纪，始终是我的老伴在照顾我，这次，她患了病，我就有机会好好照顾她了，这不是太好了吗？"

读了这个故事能否让你受到启发？其实，生活中处处充满了人生的哲理和智慧，很多时候，人们需要换个角度来看问题，把自己的视线放得远一些，把自己的视野放得宽一些，一个人只要在精神上超越了那些令人烦恼的事，就能在日常生活中保持登高眺望时的那种开阔心境，那么，所有的是非、烦恼、郁闷和忧愁都会在瞬间化为乌有。

人生本来就是丰富多彩的，有太多美好的事物值得人们去追寻和享受。工作、学习、家人、蓝天白云、红花绿草、飞泻的瀑布、浩瀚的大海、壮美的雪山与辽阔的草原，社会和大自然中的"五光十色"等等都是值得人们去珍惜和享受的。人很容易迷失自我，喜怒哀乐皆发自自己的内心。如果你不给自己增添烦恼，别人也永远不可能给你烦恼。所以，当我们不开心时，一定要让自己保持登高远眺时那种开阔的心境，谁能放下更多的烦恼，谁就能够拥有更多的快乐。

世间并不缺少快乐和美好

有一位老师教小学生写作文，题目是："快乐是什么？"一个小女孩写道："快乐就是在寒冷的夜晚钻进厚厚的被子里去。快乐就是，让自己快乐。"是的，快乐其实很简单，就是让自己快乐。在生活中，赏心悦目、怡情养性的事物到处都是，关键就在于人有没有一双"会发现"的眼睛，能不能去发掘和领略那些"美"。

有这样一个故事：

一天，一位禅师正在院子里锄草，迎面走过来三个人，他们向禅师施礼，说道："人们都说佛教能够解除人生的痛苦，但我们三人信佛多年，却并不觉得快乐，这是怎么回事呢？"

禅师放下锄头，用慈悲的目光看着他们说："你们想要快乐并不难，但首先要弄明白人为什么活着。"

三个人你看看我、我看看你，他们谁都没料到禅师会问他们这个问题。

过了片刻，甲说："人总不能死吧！死亡太可怕了，所以人要活着。"

乙说："我现在拼命地劳动，就是为了老的时候能够享受到衣食无忧、子孙满堂的生活。"

丙说："我可没有你那样的奢望。我必须活着，否则，我的一家老小靠谁养活呢？"

禅师听了他们三个人的回答，笑着说："怪不得你们得不到快乐。你们想到的只是死亡、年老、被迫劳动，而不是理想、信念和责任。没有理想、信念和责任的生活，当然是很疲劳、很累的了。"

那三个人不以为然地说："理想、信念和责任，说起来倒是简单、容易，但这些总不能当饭吃吧！"

禅师说："那你们认为人有了什么才能快乐呢？"

甲说："人有了名誉，就有了一切，就能快乐。"

乙说："人有了爱情，才有快乐。"

丙说："人有了金钱，就能快乐。"

禅师说："那我提个问题，为什么有的人已经有了名誉却很烦恼，有了爱情却很痛苦，有了金钱却很忧虑呢？"

听了禅师的话后，三个人都无言以对。

禅师说："理想、信念和责任并不是空洞的，而是体现在人们每时每刻的生活中。对生活必须要充满爱，要抱持正确的理想、信念和责任，把这些都贯穿在人们每时每刻的生活中，生活本身才能有所变化，人才能感觉到真正的快乐。也就是说，名誉要服务于大众，才有快乐；爱情要奉献于他人，才有意义。金钱要布施于穷人，才有价值，这种生活才是真正快乐的生活。"

三个人这才恍然大悟，他们终于明白了什么才是真正的快乐。

《菜根谭》中这样提醒人们："人心多从动处失真。若一念不止，澄然静坐，云兴而悠然共逝，雨滴而泠然俱清，鸟啼而潇然自得。何地无真境，何物无真机？"意思是说：

人的心灵大多是从浮动处才失去纯真的本性。一个人假如任何杂念都不产生，只是自己静坐凝思，那一切杂念都会随着天边的白云而消散。随着雨点滴落，人的心灵也会有被洗清的感觉；听到鸟语声，就像有一种喜悦的意念；看到花朵的飘落，就会有一种开朗的心情。可见，任何存在都有其真正的妙境，任何事物都有其真正的玄机。

《菜根谭》中说："林间松韵，石上泉声，静里听来，识天地自然鸣珮；草际烟光，水心云影，闲中观去，见乾坤最上文章。""心地上无风涛，随在皆青山绿树；性天中有化育，触处尽鱼跃鸢飞。"意思是说：轻风吹过山林，使苍松发出阵阵像海涛般的音韵。飞瀑奔流而下，溅落岩石上，声声击磬鸣玉。假如用宁静的心情聆听，就能体会到大自然所奏乐章的美妙。江边的芦苇，飘荡出一种迷蒙的美感；天空的片片彩云倒映在水中，看起来显得特别绚丽夺目。假如用清闲的心情来欣赏，就能发现造物者所创造的伟大篇章。心湖中没有风波浪涛，

所见处都是一片青山绿水的美景；只要本性保存善良的德性，随时都能像"鱼游水中"、"鸟飞空中"那样自由自在的快乐。

著名雕塑大师罗丹有一句话一语中的："美是到处都有的，世间并不缺少美，而是缺少发现美的眼睛。"

有一天，历史学家维尔·杜兰特看见一个女人坐在车里等人，她的怀中抱着一个熟睡的婴儿。一会儿，一个男人走到那对母子身边，温柔地亲吻那个女人和她怀中的婴儿，那个男人小心翼翼地亲吻婴儿，不敢惊动熟睡着的婴儿。不久，这一家人就离开了。杜兰特深深地望着他们离去的方向，猛然惊觉，原来日常生活的一点一滴都蕴藏着快乐。

虽然人们绝大多数是平凡之人，一生中不见得有机会获得"大奖"，如"诺贝尔奖"或"奥斯卡奖"，还有很多人没有当上"总统"、领袖的机会，但是人们时时会得到生活给予的"小奖"。比如，每一个人都有机会得到一个拥抱、一个亲吻，或者一个就在大门口的停车位！这种生活中的小小喜悦，会让人感受到生活中的美。所以，许许多多点点滴滴的生活乐趣，其实都值得人们去细细品味，去认真咀嚼。因为这些小小的快乐让我们的生命更有意义，也让我们更加眷恋生命。

大智若愚，大巧若拙

生活中，人们常以"智"和"愚"来区分一个人的能力。我们的祖先对这方面辩证的认识可谓独到，有很多家喻户晓的成语可以印证。如，"聪明一世，糊涂一时"是说聪明人有时也会办蠢事；"大智若愚"、"难得糊涂"是说聪明人往往表面上愚拙，实际上是"真人不露相"，把真正的大智慧隐藏起来；而"聪明反被聪明误"则揭示了耍小聪明者必要遭到报应的下场。

中国古代的道家和儒家都主张做人要"大智若愚"，而且要"守愚"。《论语》中讲孔子的弟子颜回"守愚"，深得其老师的喜爱。颜回表面上唯唯诺诺、懵懵懂懂，其实他很用心，所以"课后"他总能把老师的教导清楚而有条理地讲述出来。可见，"若愚"并非真愚，"大智若愚"的人给人的印象是宽厚敦和、不露锋芒，甚至有点"木讷"，有些人在"若愚"的背后，隐含的是真正的大智慧、大聪明。

"大勇若怯，大智如愚"是苏轼的观点，他在《贺欧阳少师致仕启》中说："力辞于未及之年，退托以不能而止，大勇若怯，大智如愚。"即很多人对于不情愿去做的事，常以"智""回避之"；有些人有"大勇"，却表现出温和的样子；有些人很"聪敏"，却表现出愚拙的样子；还有些人保全自己的人格，目的是不去做随波逐流之事。这是苏轼对于自己当时的处境发出的感慨，虽有一定的时代局限性，却讲出了大勇若怯、大智如愚的含义。

明太祖朱元璋的一位重臣郭德成当任"骁骑"指挥，一天，他应召到宫中，临出宫时，明太祖拿出两锭黄金塞到他的衣袖中，并嘱咐他："回去以后不要告诉别人。"面对皇上的恩宠，郭德成恭敬地连连谢恩，并将黄金装在自己的靴筒里。

但是，当郭德成走到宫门时，他却换了一副神态，只见他东倒西歪，俨然是一副醉态，快出门时，他又一屁股坐在

门槛上，脱下了靴子——靴子里的黄金自然也就露了出来。

守门人一见郭德成的靴子里藏有黄金，立即向皇帝报告。朱元璋见守门人如此大惊小怪，不以为然地摆摆手说："那是我赏赐给他的。"

有人因此责备郭德成："皇上对你偏爱，赏给你黄金，嘱咐你不要跟别人讲，可你倒好，反而故意把黄金露出来闹得满城风雨、人尽皆知。"

对此，郭德成自有道理："要想人不知，除非己莫为，你们想想，宫廷之内守卫得如此严密，我身上藏着金子出去，别人岂有不知之理？别人既知，岂不说是我从宫中偷的？到那时，我只怕是浑身长满了嘴也说不清了。再说，我妹妹如今在宫中服侍皇上，我若在宫中出入无阻，皇上知道了心里会怎么想。此事怎么知道不是皇上用以试探我的忠心呢？"

仔细想来，郭德成临出宫门时故意露出黄金，确实是明智之举；而且从朱元璋的为人来看，郭德成的担心也不是不可能发生的。郭德成的这种做法，有防患于未然的意思。

当然，除了郭德成，世上"大智若愚"的聪明人数不胜数。很多真正的智者行事未必会大肆张扬，而是"藏巧若拙"。

其实，"大智若愚"，从不同的角度来理解，也可是与人相处融洽，坦然地面对种种不愉快的事情的"法宝"，这样做了，生活也才会更快乐。

"百川合流，而成其大；土石并砌，以实其坚"，这才是"大智若愚"的智慧，每个人都应该在生活中努力提高自己的修养，使自己成为"大智"者。

任何时候，都要保持豁达的心态

英国著名作家萨克雷有一句名言："生活是一面镜子，你对它笑，它就对你笑；你对它哭，它也对你哭。"这说明，心态决定命运，人有好的心态对其一生极为重要。一个乐观、豁达的人，无论在什么时候，都能感到自己身边的种种温暖、美丽和快乐；他眼中流露出来的光彩会使整个世界溢彩流光。在这种光芒之下，寒冷会变成温暖，痛苦会变成愉悦。

对于乐观、豁达的人来说，世上根本就不存在什么令人伤心欲绝的痛苦，因为他们即使生活在灾难和痛苦之中，也能找到心灵的慰藉。在最黑暗的天空中，他们也能看见一丝亮光；尽管乌云布满天空，他们还是坚信太阳会照常升起。

而忧郁、悲观的人则恰恰相反，他们时常苦恼于看不到生活中的"七彩阳光";春日的鲜花在他们的眼里会失去娇艳之色;黎明的鸟鸣在他们的耳中也会变成令人心烦的噪声。对于他们来说,澄澈空明的蓝天、五彩纷呈的大地也是没有任何美妙之处的。

国学大师季羡林生前对采访他的记者说:"有一老友认为'吃得进,拉得出,睡得着,想得开'很重要,而我则认为,最重要的是'想得开'。我活到快100岁了,就是因为'想得开'。"

这就是乐观、豁达的生活态度,这也是一种豁然开朗的境界,是一种高尚的人格修养,也是一种明智的处世态度。人生苦短,岁月匆匆,不顺心的事有很多,人不妨让自己"想开些",这样才不会觉得生活太过平淡。

豁达的性格有先天的因素,但也可以通过后天的训练和培养来形成。每个人都可能充分地享受生活,也可能根本就无法懂得生活的乐趣,这在很大程度上取决于人从生活中提炼出来的是快乐还是痛苦。一个人从生活中看到的究竟是光明的一面,还是黑暗的一面,这在很大程度上取决于其对生活的态度。任何人的生活都具有两面性，没有绝对的"好"与"坏"之分，关键在于人怎样去审视自己的生活。人完全可以运用自己的意志力来做出正确的选择，让自己养成乐观、开朗的性格。

生活中我们常遇到一些不尽如人意的事情，这仅仅是可能引起烦恼的外部原因之一。其实，烦恼的根源在于人自己究竟怎样看待这些事情。烦恼本身其实是一种对既成事实的盲目、无用的怨恨和抱憾，除了折磨自己的心灵外，没有任何的积极意义，所以，人要摆脱烦恼，最有效的方法就是正视现实，摒弃那些使自己烦恼的消极因素。世界上不存在完全令人满意的事物，大部分纠结于烦恼中的人，实际上并不是他们遭到了多大的不幸，而是由于他们常常只看到生活中"黑暗"的一面，而忽略了那些美好的事物。

实际上，并不是所有在生活中遇到不开心的事、遭受磨难甚至不幸的人，都会失魂落魄、烦恼不堪、悲观失望。很多人对自己不如意的境遇，往往是付之一笑，看得很淡，他们的情绪丝毫没有受到不良的影响，他们依然平静地生活、勤勤恳恳地努力，在"惊涛骇浪"、"风雨交加"中依然保持着自己灿烂的笑容。可见，情绪上的烦恼与生活中的不幸并没有必然的联系。如果我们能够看到生活中光明的一面，那么，即使在漆黑的夜晚，我们也会看到熠熠发光的星星，欣赏到点点星光的美丽。毫无疑问，一个能够看到生活中光明面的人，往往更容易享受到生活中的种种快乐。

有一对夫妻，两人都是下岗职工，他们没有让人羡慕的工作，只是靠小本经营、微薄的收入维持全家的生活。尽管他们的家境并不富裕，但他们依然生活得幸福、快乐。

夫妻两人都喜欢跳舞，但他们没钱去舞厅，就时常在自家的屋子里跳舞，自得其乐。丈夫喜欢钓鱼，闲暇时，时常扛着鱼竿去钓鱼；妻子喜欢养花，常在自家的阳台上摆弄花草。他们常说："我们虽然无法改变目前的境况，但我们可以控制自己的心态——生活是否幸福由我们自己说了算。人可以没有钱，但不能没有快乐，如果一个人连快乐都丢了，那他活着还有什么意义？"

这真是一对乐观豁达、具有生活智慧的夫妻，他们用朴

实的话语道出了生活的真谛。人要在心中装满乐观豁达的阳光，它能照亮人们的生活，让生活中处处充满欢乐。当你受到烦恼情绪袭扰的时候，应当问一问自己为什么会烦恼，从自己的内心找一找让自己烦恼的原因，要学会从心理上适应环境，接纳生活的种种不完美。不管在生活中遇到什么不幸和挫折，你都应该以豁达的态度微笑着面对生活，坦然地接受痛苦和挫折的考验，而不是抱怨、忧伤，更不要为此浪费自己宝贵的时间和精力去反复"咀嚼"痛苦。

人的一生很短暂，活得开心最重要。人开心是一天，不开心也是一天，为什么要让自己不开心呢？人要想活得轻松、洒脱，就该"记住该记住的、忘记该忘记的、改变能改变的、接受不能改变的"。唯有这样，人才会豁达、乐观，才能活出全新的自我，才能好好地珍惜人生的每一天。

相信"一切都会过去"

据报道，在非洲草原上，有一种不起眼的动物叫吸血蝙蝠。它个头极小，却是野马的天敌。这种蝙蝠靠吸食动物的血生存，它们在攻击野马时，常吸附在马腿上，用锋利的牙齿刺破野马的腿，然后用尖尖的嘴吸血。无论野马怎么蹦跳、狂奔，都无法把它们驱逐开。它们"从容"地吸附在野马身上、落在野马头上，直到吸饱吸足，才满意地飞去；而野马却常常在暴怒、狂奔、流血中无可奈何地死去。动物学家们在分析这一现象时，一致认为吸血蝙蝠所吸的血量是微不足道的，远不至于让野马死去，野马的死亡是由于其暴怒的习性和狂奔引起的失血过多所致。

细想一下，这与现实生活有着惊人的相似之处。生活中，将人们击垮的有时并不是那些看似是灭顶之灾的挑战，而是

一些微不足道的小事。有些人把大部分时间和精力无休止地消耗在这些"鸡毛蒜皮"之中，最终一生一事无成。因此，人要理智地对待生活，不要因为一些小事而劳心费神。

《菜根谭》中说："霁日青天，倏变为迅雷震电；疾风怒雨，倏转为朗月晴空；气机何尝一毫凝滞？太虚何尝一毫障塞？人之心体，亦当如是。"意思是说：万里晴空、艳阳高照之时，会突然乌云密布、电闪雷鸣；狂风呼啸、大雨倾盆之时，会突然转为皓月当空、万里无云；主宰天气变化的大自然一时一刻不会停止运转，天体的运行也不会发生丝毫的阻碍。所以，人也要像大自然那样，善于调节自己的情绪，使自己喜怒哀乐的变化顺其自然、合乎自然准则。

有这样一个故事：

有个皇帝统治了一个幅员辽阔、富裕强大的国家，有满朝的饱学之士辅佐他，他享尽了世间的福乐和权势。可是有一天，他忽然心乱如麻，便把所有谋臣召到自己面前对他们说："不知道为什么，我对人生失去了信心和目标，世上的一切都好像变得乏味无聊。昨晚，我梦见了一位仙人，他给了我一枚指环，上面刻了一句话。我戴上这枚指环后，在悲哀的时候看看它，便会感到快乐，因而有勇气活下去；在快活的时候看看它，为免之后感受悲哀，因而自制不使自己太过骄傲。但我现在把那句话给忘了。你们都是有学识和智慧的人，我现在命令你们：马上替我寻回那句话，为我造出那枚指环。"

那些臣子听了皇帝的话后都面面相觑、紧张不已。他们经过三日三夜不眠不休的讨论和思考，终于想出了那句话。于是，他们向皇帝呈上指环，指环上面刻着："一切都会过去。"

是的，"一切都会过去"。著名作家荷马·克罗伊说："过去我在写作的时候，常常被纽约公寓照明灯的响声吵得快要发疯了。后来有一次，我和几个朋友出去露营，当我听到木柴烧得很旺时的响声，突然想到：这些声音和照明灯的响声一样，为什么我会喜欢这个声音而讨厌那个声音呢？回来后我告诫自己：'火堆里木头的爆裂声很好听，照明灯的声音也差不多。我完全可以蒙头大睡，不去理会这些噪音。'结果，

头几天我还注意照明灯的声音，可不久我就完全忘记了它。"

照明灯的声音并没有改变，还是和原来一样，可为什么克罗伊不再对它感到烦躁了呢？原因就在于他的心态发生了改变。

人们无法一直保持某种心境。不管是快活还是烦闷，都只是盘踞在人们心头的一时的心理状态。当你感到极端烦闷甚至无从排解的时候，请告诉自己：一切都会过去。

一位女作家从一位卖花的老太太那里感受到了这种人生的智慧。在她受邀去美国访问的一天，她来到纽约街头，遇到一位卖花的老太太。这位老太太的穿着相当破旧，她的身体看上去很虚弱，但她的脸上充满了喜悦。女作家受到老太太笑容的感染，冲动之下买下了一朵花。

"你看起来很高兴。"女作家对老太太说。

"为什么不呢？一切都这么美好。耶稣在星期五被钉在十字架上的时候，那是全世界最糟糕的一天，可三天后就是复活节。所以，当我遇到不幸时，我就会等待三天，三天后一切就恢复正常了。"

老太太的回答和解释使女作家惊诧不已，回味良久。"等待三天，一切就恢复正常了。"这是一种多么普通而又不平凡的心态，又是多么乐观的见解！一切的一切，全在乎自己的意念。人们既可以痴望着昙花感叹"人生苦短，一闪即逝"；也可以嗅着梅香鼓励自己"冬天来了，春天还会远吗？"。

所以，不论在什么情况下，人都要心存乐观，相信希望就在不远处，预见到前面的光明路途，千万不可轻易丧失信心、放弃希望。

人可以穷困，但不能潦倒

在生活中，人们形容一个人生活条件很差、际遇很糟时常说他"穷困潦倒"。实际上，穷困并不是让一个人生活悲惨的原因，让一个人自身潦倒的真正原因是其消极的心态，消极的心态导致了他对生活的悲观和绝望。要记住，生活可以简陋，但不可以粗糙，就算自己每天只有粗茶淡饭，也要尽量把饭菜弄得花样多一些、可口一些；就算自己身处困境，但我们的心也要不忘努力拼搏；就算暂时改变不了外部环境，但也要从内在给自己以希望！

《菜根谭》中有一句这样的名言："贫家净扫地，贫女净梳头。景色虽不艳丽，气度自是风雅。士君子当穷愁寥落，奈何辄自废弛哉！"意思是说：一个贫穷的家庭，要经常把屋里打扫得干干净净；一个贫穷人家的女子，要经常把自己的头发梳得整整齐齐。虽然摆设和穿着算不上豪华艳丽，却能让人保持一种高雅脱俗的气度。这激励人们，一旦遭遇不佳、穷困寂寞不得志时，绝对不能萎靡不振、自暴自弃，而是要继续保持生活的信心与希望。

有一对非常普通的中年夫妇，他们在同一个化工厂上班，一位是电工，另一位是仪表员。他们的家庭并不富裕，生活压力很大，几乎可以说是入不敷出：有一个八岁的儿子，还有一位近70岁的老人需要他们奉养，夫妻俩每月的收入加起来都不够维持家庭日常的生活。面对如此窘境，他们并没有唉声叹气、怨天尤人，反而生活得很有"质量"。

凡是来到他们家里的人，都会感受到一种踏实淳朴的安静与温馨。他们吃得虽然简单，但很会调配：今天煮小米粥，明天熬玉米糊；今天蒸一屉热腾腾的肉包子，明天做一碗浓香的肉丁干炸酱。就连最不起眼的咸菜疙瘩，经他们的处理都一一切得精细、适当调味，吃起来格外可口。

他们的衣着虽然简朴，但并不落伍。尤其是春秋冬三季，他们一家四口穿的毛衣时常让别人感到惊奇。乐谱线、双色线、长毛绒线……价格不贵但绝对新潮，这些都是妻子照着书、电视上的样子织出来的，丈夫时常对别人自豪地说："我老婆织的毛衣，拿出去卖肯定是抢手货。"

他们家墙上挂着用碎布拼贴的活泼至极的"怪娃装饰画"，还有用碎鸡蛋皮粘贴出静物图案的装饰画。进入他们家的人看到这些画就感到身心愉悦。

夫妻俩除了在家里夫唱妇随外，在外面也都是热心人，遇到邻居有困难，他们都会伸出援手。他们说："有钱多花，没钱少花，人不能让钱愁死，钱少不可怕，只要日子过得实在、过得舒心就行。我们虽然家境一般，家里也没什么值钱的东西，但屋子总是收拾得整齐利索；我们虽然没有高档衣服，但穿得也是干干净净！人再穷也不能'破罐子破摔'，日子总有一天会好起来的！"

可见，热爱生活，对生活充满信心，含笑面对生活，能够使人超越很多自身的局限，享受更多的幸福！有一句话叫"境由心生"，很多时候，人的痛苦与快乐，并不是由客观环境的优劣决定的，而是由自己的心态、情绪决定的。

保持乐观的心态生活吧！放下烦恼和忧愁，积极面对人生吧！生活中有很多美好等着我们去发现，有光明灿烂的明天等着我们去创造。

随遇而安，悠然自得

有位哲人说："由古至今，人类煌煌文明发展史，唯一的动力和能源即是——追求幸福。"的确，很多人，包括你、我、他，都想要幸福，但生活中也有许多人在疑惑，什么才是真正的幸福？怎样才能得到幸福？

相信每个人对幸福都有着自己特有的定义。有的人认为，雁过留声、人过留名，在世上留下好名声、功成名就就是幸福；有的人认为，丰衣足食、居有定所，一生吃穿不愁、生活舒适就是幸福；有的人认为，健康平安、无疾而终就是幸福；有的人认为，两情相悦，与爱人厮守一生，爱情永恒就是幸福；还有的人认为，有权有势、安步当车、前呼后拥就是幸福。可见，幸福是一种感觉，没有标准，因人而异。

在不同的时期，幸福也会有不同的标准。同一个人，当他饥渴难耐时，他会觉得吃一个馒头、喝一口凉水就是幸福；当他吃饱喝足后，山珍海味、玉液琼浆他也不觉得美味。家庭和睦时，天伦之乐是幸福；家庭不睦时，天伦成为"奢望"；好友相聚、心情愉悦时，一杯浊酒即幸福；"冤家"聚头、心情凄苦时，一杯美酒也会变成"毒液"。

《菜根谭》中写道："释氏随缘，吾儒素位，四字是渡海的浮囊。盖世路茫茫，一念求全，则万绪纷起，随遇而安，则无入不得矣。"意思是说：佛家主张，凡事都要顺其自然，不可勉强；凡事都要按照本分去做，不可妄贪其他"身外之事"。这"随缘"和"素位"四字是为人处世的秘诀，就像是渡过大海的浮囊。因为人生的路途遥远，假如任何事情都要求尽善尽美，必然会引起许多忧愁、烦恼；反之，假如凡事都能随遇而安，到处都会感受到悠然自得的乐趣。

有个人到寺庙里去游玩，他看见菩萨坐在上面，就问道："请问菩萨，您在想什么？"

菩萨说："我什么也没有想。"

"那我们为何猜不透您的眼神？"

"噢，是这样，"菩萨安详地笑了笑，"我的心明净得像水，可以清澈见底。我什么也没有想，也不受外界情况变化的影响。所谓的七情六欲，而我看来都是身外之物。懂得了这个道理，你就可以成为圣人了。一个人生下来，什么都没有，如果他能随遇而安，当劳作时劳作，当休息时休息，能心情快乐、助人为善，那何愁不会如彭祖那样活到800岁呢？"

"我活那么长时间干什么？"

"这个嘛，各人有各人的见识。"

"既然这样，我可不想成佛，我还是随遇而安吧。多谢菩萨指点。"这个人说完走出了山门。

不要把幸福的标准定得太高，生命中的任何一件小事只要你细心品味，都可以说与幸福有关。

很久以前，一个富翁和一个穷人谈论什么是幸福。

穷人说："幸福就是现在。"

富翁看着穷人简陋的茅舍、身上穿的破旧衣服，非常轻蔑地说："这算什么幸福？我的幸福可是百幢豪宅、千名奴仆啊。"

过了不久，一场大火把富翁的百幢豪宅烧得都化为了灰烬，奴仆们各奔东西。一夜之间，富翁沦为乞丐。

炎热的夏天，汗流浃背的已沦为乞丐的那个富翁路过穷人的茅舍，想讨口水喝。穷人给他端来一大碗清凉的水，问他："你现在认为什么是幸福？"

乞丐眼巴巴地看着那碗水说："幸福就是天能够尽快凉快下来。""幸福就是马上能够解渴。""幸福就是此时我手中的这碗水。"

沦为乞丐的富翁对幸福的理解充分说明，一个人随遇而安就能感受到幸福，这不失为对生活的一种深刻理解。所以，不要抱怨自己的生活不够富裕，也不要抱怨自己的人生太过平淡。或许你没有足够多的金钱去游览名山大川或出国观光，但是，骑上单车奔驰在原野上，感受麦苗黄、豆花香、阳光暖，这又何尝不是一种幸福！你可能没有足够多的金钱去购买宽敞的住房或华美的服装，但是，即便身居陋

室、身穿布衣，只要能感受到会心的笑、饭菜的香、团圆的乐，又何尝不是一种真正的幸福！

随遇而安可以让人们享受到生活中更多的幸福，可以为人们省去许多麻烦和烦恼，可以让人们保持一种轻松、平静的心态轻装前行，快意人生。

随遇而安，把幸福的标准放低一点，并不是要人们庸碌无为，也不是要人们丢掉进取心，而是要人们对现实生活中的事情量力而行的一种明智选择。

把幸福的标准定得低一点，享受每天的生活，享受每天的阳光，享受家人的温暖，享受点点滴滴的快乐，你就能感受到悠然自得的美好！

不可放纵欲望追逐富贵

在生活中，有些人对金钱似乎有一种特殊的感情——无休止的欲望，有人将其称为贪婪。他们总是为赚钱而工作，他们认为人生的唯一目的就是赚钱。但实际上，很多时候，钱即使再多，也无法满足他们的欲望。一个人如果不能控制自己的欲望，即使他有很多钱，也只不过是金钱的"奴隶"而已，无法从中获得真正的快乐和满足。

相传，古代有一个富商，生意做得很红火，他每日十分操心、精于算计，有很多烦恼。他家隔壁住着一对夫妻，夫妻俩以做豆腐为生，虽说生活清贫辛苦，他们却有说有笑。富商的太太见此，心生嫉妒，对自己的丈夫说："别看咱家有钱，可我觉得还不如隔壁卖豆腐的穷夫妻。他们虽说穷，可快乐值千金啊！"富商说："那有什么？我让他们明天就笑

不出来。"说完，他一抬手，将一只金元宝从墙头扔了过去。

第二天清晨，那对穷夫妻发现了地上那只来历不明的金元宝，他们欣喜异常，心想这下发财了，再也不用辛苦地磨豆腐了。可是，用这些钱干点什么呢？他们盘算来，盘算去，也没个主意；他们还担心被左邻右舍疑为偷窃了钱财。如此这般，他们开始茶饭不思、寝食难安。从此，再也听不到他们的笑声了。

可见，金钱有时带给人们的不一定是快乐，而是烦恼。人生一世，折磨人的不一定是贫穷，而是各种各样的贪欲。

一个人如果过分沉湎于物质追求，就会变得欲壑难填。无节制的欲望将很多人引入歧途，给他们带来无尽的烦恼。

从前，有两个很要好的朋友，决定一起到遥远的圣山去朝圣。他们两人背上行囊，风尘仆仆地上路了，并发誓不达圣山朝拜，绝不返家。

他们走啊走，走了十几天之后，在路上遇到了一位年长的圣者。这位圣者看到他们两人如此虔诚地千里迢迢要前往圣山朝圣，十分感动，告诉他们："这里距离圣山还有十天的脚程，但是很遗憾，我在这个十字路口就要和你们分手；在分手前，我要送给你们一个礼物！就是你们当中一个人先许愿，他的愿望一定会马上实现；而第二个人，就可以得到那愿望的两倍！"

此时，其中一人心里想："这太棒了，我已经知道我想要许什么愿了，但我不能先讲，因为如果我先许愿，我就吃亏了，我的那位朋友就可以得到双倍的愿望！"而另外一人也自忖："我怎么可以先讲，让我的朋友获得加倍的愿望呢？"于是，这两个人就开始"客气"起来，"你先讲吧！""你比较年长，你先许愿吧！""不，应该你先许愿！"他们两个人彼此推来让去，"客套"地推辞一番后，都开始不耐烦起来，两人的语气和态度也都变了："你快讲啊！""为什么我先讲，你先讲吧！"

就这样，到了最后，其中一人生气了，大声说道："喂，你真是个不识相、不知好歹的人呀，你要是再不许愿的话，我就把你的腿打断！"

另外一人一听也生气了，心想：你竟然恐吓我！既然你这么无情无义，我也不必对你有情有义！我没办法得到的东西，你也休想得到！于是，他干脆把心一横，狠心地说道："好，我先许愿！我希望——我的一只眼睛瞎掉！"

很快，这个人的一只眼睛就瞎了，而另外那人的两只眼睛随即也都瞎了！

原本，这是一件十分美好的礼物，可以让这两位好友共享，但是因为"贪念"与"嫉妒"左右了他们的心，所以使得"祝福"变成了"诅咒"，使"好友"变成了"仇敌"，更是让原来可以"双赢"的事，变成了两人两败俱伤！

利令智昏，贪婪之心是天下祸端之所伏。贪婪会让当事者失去理智，变得情绪狂热而难以自控，结果不但伤人，自己也会付出沉重的代价。对此，《菜根谭》劝诫人们："峨冠大带之士，一旦睹轻蓑小笠飘飘然逸也，未必不动其咨嗟；长筵广席之豪，一旦遇疏帘净几悠悠焉静也，未必不增其缱绻。人奈何驱以火牛，诱以风马，而不思自适其性哉？"意思是说：身穿蟒袍玉带的达官贵人，一旦看到身穿蓑衣、头戴斗笠的平民百姓，飘飘然一派安逸的样子，难免会发出羡慕的感叹；经常奔忙于交际应酬，饮宴奢侈、居所富丽的豪门显贵，一旦遇到窗明几净、悠闲自在、安然宁静的环境，心中不由得会产生恬淡自适的感觉，这时也难免会有一种留恋、不忍离去的心境。高官厚禄与富贵荣华既然并不是那么可贵，世人为什么还要费尽心机、放纵欲望、追逐富贵呢？为什么不设法去过那种悠然自适的生活，恢复本来的天性呢？

所以，人在翘首观望那没有得到的更多东西时，还应回首看看自己所拥有的东西，懂得知足。因为只有懂得知足，人才不会过分贪婪，也才可以避免让自己去承受那些不必要的忧愁和苦恼。学会知足，远离贪婪，别让"贪婪"为自己的心戴上"枷锁"。懂得知足，人会越来越幸福！

"想得开"，活着才不累

每个人在一生中都会遇到很多事情，有快乐的，有悲伤的，人要想活得轻松洒脱，就要把"烦心"事"想得开"，只有"想得开"，日子才会过得好！

"想得开"，是生活的技巧，是为人的哲学，是处世的艺术。人生苦短，岁月匆匆，令人烦恼的事天天有，"想得开"、心胸坦荡，就会海阔天空、快快乐乐；坏事或许会变为好事，悲伤或许会化作喜悦。

人生在世，要活得明白、活得痛快，就要"想得开"：受到冷落时要"想得开"，遭到嘲讽时要"想得开"，受了委屈时要"想得开"，遇到不平时要"想得开"，患了疾病时要"想得开"，丢了钱财时要"想得开"，碰到挫折时要"想得开"，有了灾祸时要"想得开"……"想得开"，是一种风采、一种胸怀，更是一种气量、一种境界！

快乐是什么？是财富的荣光？是功名利禄的耀眼夺目？是高贵奢华的生活？……这些虽然可能让人羡慕，但并不一定能使人快乐。快乐并不依托于外在的物质，而是来自于发现真实独特的自我，坚持自己的生活原则，保持心灵的宁静，过自己想过的生活，这样才会找到内心的快乐！

是的，快乐与否完全取决于你自己的心态。在生活中，每个人都会遇到不尽如人意的地方，有些人对此纠结不已，他们很是想不通自己为什么不如别人，时常唉声叹气或者怨天尤人。其实，如果换个角度去看，就会发现，这是在自寻烦恼，因为，很多时候，自己过得幸福就可以了，用不着总是和别人比较，应该"想开些"。

但有一些人总是羡慕别人，梦想自己能拥有羡慕对象的容貌、身体、学识、才能、名气、地位、财富……失败者羡慕成功者，貌丑者羡慕貌美者，穷人羡慕富人，士兵羡慕将军……世上有了太多的攀比，才会有那么多人为"得不到"而郁郁寡欢。

但世界是公平的，它往往会在关闭了一扇门之后，再为你开一扇窗。所以，一个人与其羡慕别人所拥有的，不如自己"想开些"，珍惜自己所拥有的。

有这样一个例子：

在莱茵河畔，一位青年起初整日垂头丧气、心烦意乱，对自己的生活、工作、家庭……身边的一切都不满意。他想要结束这样无趣的生活，但又缺乏勇气。一天，他正对着河水胡思乱想，一位牧师经过他的身边，停下来问道："小伙子，你有什么心事吗？"

青年深深地叹了口气，说："我叫莱恩，但上帝从来没有给过我恩惠，年近30还一事无成；家里还有个叫人看了就心烦的'黄脸婆'，这样的日子我真是受够了。"牧师听了，微笑着问道："莱恩先生，那你的理想是什么呢？说出来，看看我能不能帮你实现。"莱恩说："我曾经有三个理想：做像怀特那样的超级大富翁，做像议长斯皮尔那样的高官，如果这两个不能实现，那么我想娶明星布蕾丝那样的漂亮女人做妻子。"牧师笑着说："莱恩，这很容易，你跟我来吧!"说着,牧师转身就走。莱恩大喜过望,紧紧地跟在牧师身后。

牧师领着莱恩先来到世界超级富翁怀特的豪宅,只见怀特正躺在床上大声咳嗽,脸色蜡黄,面前的金盆里是他刚吐过的带着血丝的痰。牧师转身对莱恩说:"怀特先生不惜牺牲自己的健康追求财富,为了得到财富,他付出了超负荷的精力,结果财富得到了,他却累倒了。

牧师说完,领着莱恩来到另一个房间,只见怀特的三个儿子正在和几位漂亮小姐喝酒,一副声色犬马的样子。莱恩看了十分厌恶,转过头去。牧师对莱恩说:"我们再去拜访一下议长斯皮尔吧!"

两人又来到斯皮尔的官邸,只见他身边围着几个人,显然是保镖。斯皮尔吃饭时,保镖先尝;斯皮尔睡觉时,保镖都瞪大了眼睛盯着他;就连斯皮尔上厕所,保镖们也在马桶旁守着他。牧师对莱恩说:"斯皮尔的政敌很多,他稍不注意就会遭到'黑手',他就是上街散步,保镖都寸步不离。"莱恩叹了口气,失望地说:"那他和坐牢有什么两样?"牧师无奈地摇摇头说："我们再去看看当代最红、最性感的女明星布蕾丝吧。"说着，他领着莱恩来到布蕾丝的家里。

布蕾丝正冲一位佣人大发脾气，她甚至拿起手里的烟头往佣人身上猛戳，佣人的皮肤很快被烫得起了泡。佣人强忍受着疼痛，不敢呻吟。牧师悄悄对莱恩说："如果他发出惨叫声的话，将会招致更严厉的惩罚。"布蕾丝折磨完佣人，要回房睡觉了，这时一个女佣走进来对她说："小姐，伯格先生求见。"布蕾丝眼皮也不抬地吩咐道："叫他给我滚出去，今天我已经和他离婚了，与他什么关系也没有了。"佣人小心地答应着要退出去，布蕾丝又说："顺便带个信儿给他，明天我就要和我的第 12 任丈夫结婚了，他有兴趣的话，可以来参加我们的婚礼。"说完，她"呼"的一声关上了房门。

莱恩看得目瞪口呆。从布蕾丝家出来后，牧师问莱恩："小伙子，三个理想，你随便挑一个，我都可以替你实现。"莱恩想了一会儿，说："不，牧师，其实我什么也不缺，与怀特先生相比，我有他用所有金钱都买不来的健康；与斯皮尔先生相比，我有他所没有的自由；至于布蕾丝嘛，我老婆可比她贤淑善良多了……"牧师满意地伸出手来和莱恩的手相握，莱恩满脸笑意，一缕温暖的阳光洒在他们的身上。

　　现实中，许多人就像故事中的莱恩一样，总是抱怨自己生不逢时、怀才不遇，感叹人生苦涩、无缘富贵，却对自身拥有的一切视而不见。其实，从某种意义上讲，一个人能来到这个世界本身就是一种幸运，能拥有一个健康的身体更是最大的幸运。所以，不要钻进"牛角尖"，纠结于自己不如别人，你若想快乐，你随时都可以快乐，没有人能够阻拦得了。生命如同一朵花，有花开，也有花落。人世间最宝贵的是生命，要懂得享受生命，选择快乐。快乐地过是一辈子，痛苦地过也是一辈子，那么为什么不让自己活得快乐一点呢？

人生不可"太闲"，亦不能"太忙"

一个人生活的节奏应该怎样把握才能让自己觉得安然自得，让自己的心灵轻松而不是疲惫不堪呢？对此，《菜根谭》给出了这样的解答："人生太闲，则别念窃生；太忙，则真性不见。故士君子不可不抱身心之忧，亦不可不耽风月之趣。"意思是说：一个人整天游手好闲，杂念就会悄悄产生；反过来，整天奔波忙碌，又会使人丧失纯真的本性。所以，大凡是有才德的"君子"，既不愿使自己的身心过度疲劳，也不愿整天沉迷于声色犬马的享乐，在其中丧失本性。

这是智者总结出来的人生智慧，也是亘古不变的哲理。古代哲人强调人生不可"太闲"，也不可"太忙"，人要适度忙碌，适度享乐。下面的这则寓言生动地反映了这一思想。

一个人死后，在黄泉路上，路过一座金碧辉煌的宫殿。宫殿的主人请他留下来。这个人说："我在人世间辛辛苦苦地忙碌了一辈子，我现在只想吃，只想睡，我讨厌工作。"

　　宫殿的主人答道："若是这样，那么世界上再也没有比我这里更适合你居住的了。我这里有山珍海味，你想吃什么就吃什么，不会有人来阻止你；我这里有舒适的床铺，你想睡多久就睡多久，不会有人来打扰你；而且，我保证没有任何事需要你做。"

　　于是，这个人住了下来。

　　最初的一段日子里，这个人吃了睡，睡了吃，感到非常快乐。渐渐地，他觉得有点寂寞、空虚，于是他就去见宫殿的主人，抱怨道："这种每天吃吃睡睡的日子过久了，一点意思都没有。我现在对这种生活已经提不起一点兴趣了。你能否给我一份工作？"

　　宫殿的主人答道："对不起，我们这里从来就不曾有过工作。"

　　又过了几个月，这个人又去见宫殿的主人，说："这种

日子我实在受不了。如果你不给我工作，我宁可去下地狱，也不要再住在这里了。"

宫殿的主人笑了："你以为这里是天堂吗？这里本来就是地狱啊！"

太过安逸的生活原来有时也是一种"地狱"！它虽然没有"刀山"可上，没有"火海"可下，可它却能渐渐地毁灭人的理想，腐蚀人的心灵。一个人如果整天无所事事，其实也是一种难捱的痛苦，而适度忙碌有时反倒是一种充实的幸福。

现代社会快节奏的生活和工作不仅给人们带来了满足，也同样给人们带来了烦恼。很多时候，人们的心灵被城市的尘埃"封锁"了，人们的灵魂被无谓的争斗"桎梏"了，人们的自由被暂时的困境"包围"了，以至于呼吸不畅、心情失落。

很多人的一生中，大部分时间都花费在为利奋斗、为名奔波上，到头来却只是"两手空空"。真正懂得生活、会享受生活的人，有从容的心，他们让自己在劳累的生活节奏中稍作憩息，享受阳光的温暖、花香的甜美、清茗的甘醇，品味人生的一方灿烂、一份力量、一股活力，让自己在人生中漫步前行，体会忙里偷闲的快乐。人唯有这样，从容淡定，才会让自己的人生芳香四溢。

放慢生活的脚步

在现代社会，人们的生活节奏似乎越来越快，时间好像也越来越紧。有些人总是在赶时间，没时间和家人、朋友交流，结果变得越来越孤独；有些人总是忙忙碌碌，所以没有时间反省自身，也没有时间留意身边的事物；还有些人甚至忙得连自己身体患病的早期征兆都察觉不出；当他们急着买一样东西时，更没有时间倾听心底那个小小的声音："我真的需要这个东西吗？"

享受生活的一个重要条件是，人必须注意自己的所作所为，然后放慢自己的脚步。匆忙而凌乱的步伐总是容易让人出错，比如：你总是丢失东西，结果不得不花时间去寻找；比如：你超速行驶被交警拦住，本来是为了"赶时间"，反而浪费了更多的时间，这样匆忙的结果使你常把自己搞得焦头烂额。

《菜根谭》中这样总结生活的哲理："岁月本长，而忙者自促；天地本宽，而卑者自隘；风花雪月本闲，而劳攘者自冗。"意思是说：自然界的岁月本来很长，可是那些奔波忙碌的人，却自己觉得时间很短促；自然界的天地本来宽广辽阔，可是那些心胸狭窄的人，却把自己局限在小圈子里。风花雪月本来是供人欣赏、调剂身心的，可是那些奔波劳碌的人，却认为它们是一种多余且无益的东西。这正是生活中有些人不能好好享受生活中的快乐的症结所在。

古希腊历史学家希罗多德记述了这样一件事：

一位伟大的埃及国王阿马西斯每天天刚亮便开始辛苦地工作。然而一到中午，他就会停止所有正在进行的会议和审判，一下午都不再工作，而是和他的士兵一起讲故事、说笑话、做游戏、痛饮大麦酒，他丝毫不顾忌礼仪举止。

一天，阿马西斯国王的谋士告诉他，有人对他的行为很不满意，认为国王的行为举止应当是高贵的，应该与王室的身份相符合。阿马西斯耐心地听完谋士的话，说："弓箭手会在上战场前将弦拉紧，战争结束后，又会把它放松。因为

如果不放松，弓弦就会失去弹性，当弓箭手需要它时，它就毫无用处了。"

希罗多德虽然没有过多地记述阿马西斯国王的其他事件，但他说，阿马西斯统治时期是埃及历史上最繁盛的时期。这充分说明，阿马西斯国王并未因自己每天下午的"放松"而致使国家走向衰亡，反而让他有足够的精力把国家治理得更加繁荣昌盛。

在现实生活中，我们是否想到了"如果不放松，弓弦就会失去弹性"呢？人要充分享受人生，充分享受属于自己的时间，就一定要学会放慢脚步。当人不再疲于奔命时，就会发现生命中未被发掘出来的美；而当人处于欲求无度的状态时，则永远都无法体会到悠然自得之趣。

一天，一位哲学家率领诸弟子走到街市上，整个街市车水马龙，叫卖声不绝于耳，一派繁荣兴隆的景象。

走了一段路程后，哲学家问弟子："刚才所看到的商贩中，哪个人面带喜悦之色呢？"

一个弟子回答道："我经过的那个鱼铺，买鱼的人很多，卖主应接不暇，他脸上一直漾着笑容。"

那个弟子的话还没说完，哲学家便摇了摇头，说："因为利欲而生的喜悦之心不能持久。"

哲学家率众弟子继续往前走，前面是一大片农舍，鸡鸣桑树，犬吠深巷，三三两两的农人穿梭忙碌着。哲学家打发众弟子四散开去。过了一段时间后，弟子们纷纷回来。哲学家又问弟子："你们刚才所见到的农人之中，哪一个人看起来更充实呢？"

一个弟子上前一步，答道："村东头有个黑脸的农民，家里养着鸡鸭牛马，坡上有几十亩地，他忙完家里的事情，又到坡上侍弄田地，一刻也不闲着，汗流浃背，我觉得这个农民应该是充实的。"

哲学家略微沉吟了一会，说："来源于琐碎的充实，终归要迷失在琐碎之中，这并不是最充实的。"

一行人继续往前走，前面是一个山坡，山坡上有一个羊群。在一块巨石上，坐着一位面容枯槁的老者，他怀里抱着一根鞭子，正在向远方眺望。哲学家随即止住了众

弟子的脚步，说："这位老者游目骋怀，他才是生活的主人。"

众弟子面面相觑，心想："一个放羊的老头，可能孤独无依、衣食无着，怎么会是生活的主人呢？"

哲学家看了看迷惑不解的弟子们，朗声道："难道你们看不到他的心灵在快乐地散步吗？"

是啊，当人的心灵被欲望驾驭时，要让自己的心灵保持"壁立千仞，无欲则刚"的信念；当人的心灵被疲惫围困时，要让疲惫的心灵感受"人间四月芳菲尽，山寺桃花始盛开"的芬芳，调整一下自己生活的节奏，让浮躁的心闲适下来。

苏轼在纷扰的官场中困苦不已，他把"浮名"换作"钓丝"，在心灵的"河流"中"垂钓"属于自己的自由；他在山林中且歌且行，在巨浪滔天、汹涌澎湃之时吟唱出"大江东去浪淘尽，千古风流人物"的壮阔人生最强音。

浑浊的官场让陶渊明疲惫不堪，但他能"面朝大海，

读书养性思过

122

春暖花开"，在夕阳西下时，"采菊东篱下，悠然见南山"。

当我们的心灵被现实的快节奏搓揉得疲惫不堪时，请帮自己的心灵找一方属于自己的"桃花源"，放慢前进的脚步吧！

知足常乐，徜徉"仙境"

世界上有没有真正让你觉得像世外桃源的"仙境"？不要以为这是天方夜谭。其实一个人只要知足常乐，那么处处都是这样美好的"仙境"。

但是令人遗憾的是，很多人往往不知足，这也是人性的弱点。俗语说："野兽容易制伏，人心却难以降服；沟壑容易填平，人的欲望却难以满足。"这真是一句经验之谈！《菜根谭》中写道："贪得者，分金恨不得玉，封侯怨不授公，权豪自甘乞丐；知足者，藜羹旨于膏粱，布袍暖于狐貉，编民不让王公。"意思是说：一个贪得无厌的人，别人给他金银，他还怨恨自己没有得到珠宝；封他为侯爵，他还怨恨没封自己为公爵。这种人虽然身居豪富权贵之位，却等于自愿沦为乞丐。一个自知满足的人，即使吃粗食野菜，也比吃山珍海味还要香甜；即使穿粗布棉袍，也比穿狐袄貂裘还要温暖。这种人虽然身为平民，但实际上比王公还要高贵。

很多人都有"贪心"的弱点。

传说很久以前，有个农夫在山坳里挖出一个至少 100 斤、价值连城的金罗汉，一下发了大财，亲友们都向他投去羡慕的目光。可农夫却反倒没有原来快乐了。往常，他种田干活，只要吃饱穿暖，就无忧无虑，自在得很；可是自从挖到金罗汉后，他反而食不知味、夜不能寐了。

他怕金罗汉被别人偷走是他忧愁的一个原因，其中还有一个更大的原因，就是他整日都在绞尽脑汁地想："十八罗汉我只挖到一个，其他的十七个罗汉不知埋在什么地方。要是这十七个罗汉也归我所有，那我就满足了。"

"人心不足蛇吞象"，人不知足的可怕之处，不仅在于它能摧毁有形的东西，更在于它能搅乱人的内心世界。常言道："祸莫大于不知足，咎莫大于欲得。"人的欲望一旦爆发，如不抑制，人的内心就会困扰。

《菜根谭》教给人们一种"知足常乐"的人生哲学："都

来眼前事，知足者仙境，不知足者凡境；总出世上因，善用者生机，不善用者杀机。"意思是说，对现实环境中的事物能感到满足的人，就会享受到神仙一般的快乐；而感到不知足的人，则摆脱不了庸庸碌碌的困境。总结世上万般事物的原因，人假如能善于运用，就处处充满生机；若不善运用，就处处充满危机。

有一首《宽心谣》写得好：

"日出东海落西天，愁也一天，喜也一天；

遇事不钻牛角尖，人也舒坦，心也舒坦；

每月领取养老金，多也喜欢，少也喜欢；

少荤多素日三餐，粗也香甜，细也香甜；

新旧衣服不挑拣，好也御寒，破也御寒；

常与知己聊聊天，古也谈谈，今也谈谈；

内孙外孙同样看，儿也心欢，女也心欢；

全家老少互慰勉，贫也相安，富也相安；

早晚操劳勤锻炼，忙也乐观，闲也乐观；

心宽体健养天年，不是神仙，胜似神仙。"

这首"宽心谣"可以说是对"知足常乐"的最好诠释，正如杜甫在《丹青引赠曹将军霸》一诗中的名句"丹青不知老将尽，富贵于我如浮云"中表达的那种洒脱放达、怡然自得的人生态度一样，都是智者参悟了人生的哲理后总结出来的至理名言。其实，世上处处都可以找到所谓的"仙境"，即只要人能知足常乐，活得随意些、平凡些、简单些，就能感受到生活的美好。

心如明镜，快乐自在

人生在世，总会有痛苦和烦恼。中国传统思想认为，人的一切痛苦烦恼都是源于邪恶的杂念，而这种"邪念"、"杂念"多半是庸人自扰，所以才有"天下本无事，庸人自扰之"的说法。

诚然，一个人无法脱离现实世界而生存，也无法保持其内心的绝对纯洁；但如何对待外界的干扰，如何认识客观世界的变化，是由一个人主观认识水平的高低和自身的修养决定的。只有排除了私心杂念，始终保持高尚的思想境界和人生追求，人才会在生活、事业中拥有愉快的心情和良好的精神状态。

《菜根谭》中说："水不波则自定，鉴不翳则自明。故心无可清，去其混之者而清自现；乐不必寻，去其苦之者而乐自存。"意思是说，没有被风吹起波浪的水面，自然是平静的；没有被尘土遮盖的镜子，自然是明亮的。所以，人们的心灵根本无须刻意清洗，只要除掉心中的"邪念"，平静明亮的心灵自然会出现。日常生活的乐趣也根本不必刻意去追求，只要排除心中的一切困苦和烦恼，那么，快乐幸福的生活自然会呈现在人们面前。

有这样一个故事：

小和尚凡了什么事情都发愁。因为他觉得自己太瘦了，他觉得自己现在过得不够好，他很担忧自己给别人留下不好的印象，他觉得自己得了胃病，他无法读经书……

凡了决定到九华山去旅行，希望换个环境能够对自己有所帮助。他出发前，师父交给他一封信并告诉他，等到了九华山之后再打开看。

凡了到了九华山后觉得待在这里比在自己的庙里更难过，因此，他拆开了那封信，想看看师父在信中写了些什么。

师父在信中写道："徒儿，你现在离咱们的寺庙 300 多

里，但你并不觉得有什么不一样，对不对？我知道你不会觉得有什么不同，因为你还带着你忧愁的根源——你自己的心蒙尘了。所以，一个人心里想什么，他就会成为什么样子；当你了解这点以后，就回来吧。因为那样你就会有变化，不会再忧愁了。"

看了师父的信，凡了非常生气，他觉得自己需要的是师父的同情，而不是教训。

凡了气得决定永远不回自己的寺庙了。那天晚上，他经过一座小庙，因为没有别的地方可去，凡了就进去和一位老和尚聊了一个时辰。老和尚反复强调："能征服精神的人，强过能攻城占地的人。"

凡了坐在蒲团上，聆听着老和尚的教诲，他听到和自己师父同样的话，这一来，他脑子里所有的胡思乱想都一扫而空了。

凡了觉得自己第一次能够很清楚而理智地思考，能够真实地面对自己，并发现自己曾经真的很傻——他曾想改变这个世界和世界上所有的人——而唯一真正需要改变的，只是他自己的心态。

第二天清早，凡了就收拾行囊回自己的寺庙里去了。当晚，他平静而愉快地读起了经书。

可见，我们内心的平静和快乐，并不在于我们身在哪里，我们有什么，或者我们是什么人，而在于我们自身的修养如何，我们的心境如何，这与外在的条件并没有多少关系。

当年苏东坡受"乌台诗案"牵连，险些丢掉性命，被贬为黄州团练副使，不得签署公事。苏东坡身处如此逆境，却旷达如旧，在赤壁的月夜写出了脍炙人口的《前赤壁赋》："寄蜉蝣于天地，渺沧海之一粟，哀吾生之须臾，羡长江之无穷。"他把自己作为一粒尘埃摆到宇宙之中，这是怎样的气度，这是何等如明镜般的心境！

然而，这种如明镜般淡泊的心境并非人人都有，但倘若一个人能从生活中品出真味，心如明镜，那么这个人就可以跟随本心从容不迫地生活，淡泊、愉悦。所以，人无论是高居庙堂之上或身处江湖之远，都要让自己的心灵澄澈，不为世俗的诱惑左右，过自己想过的生活，做自己想做的事情，这样就能真正体会到幸福。

找到人生的真正乐趣

很多人都会探讨这样一个问题：什么样的人生才是快乐的？要想成为一个快乐的人究竟应该怎样做？对此，西方哲学家汤玛斯·富勒说："满足不在于多加燃料，而在于减小火苗；不在于积累财富，而在于减少欲念。"人若想让自己的生命得以升华，就必须放下过分的欲念，找到人生的真正乐趣。

《小窗幽记》中有这样一段话："清闲无事，坐卧随心，虽粗衣淡饭，但觉一尘不淡；忧患缠身，繁扰奔忙，虽锦衣厚味，只觉万状苦愁。"这段话说的是，人生要有一种宁静致远的追求，清闲自在，喜欢坐就坐，喜欢躺就躺，随心所欲，在这种状态下，人虽然穿的是粗布衣服，吃的是粗茶淡饭，但仍然会觉得过得有滋有味，心情很平静，不会为一些日常琐事而牵挂、烦恼；相反，那些患得患失、忧患缠身的人，终日奔忙于一些烦忧之事，他们虽然穿的是华丽的衣服，吃的是山珍海味，也会觉得心中痛苦万分。

清闲自在，坐卧随心，也就是"清心"。从心理学上说，"清心"就是一种没有"心机"的心理状态，它是与"有心"的生活态度相对的。"清心"就是不动情绪，不执拗，恬淡而自得，顺应自己的"本真"去待人处事。

《菜根谭》中说："静中静非真静，动处静得来，才是性天之真境；乐处乐非真乐，苦中乐得来，才是心体之真机。""静中念虑澄澈，见心之真体；闲中气象从容，识心之真机；淡中意趣冲夷，得心之真味。观心证道，无如此三者。"意思是说：在万籁俱寂的环境中得到的宁静，并非真正的宁静；只有在喧闹环境中还能保持平静，才算是合乎人类本然之性的真正宁静。在安逸闲适的环境中得到的快乐，并非真正的快乐，只有在艰苦困难的环境中仍能保持乐观的精神，才算是合乎人类本然之性的真正乐趣。人只有在宁静中，心绪才会像秋水一样清澈，这时才能发现人性的真正本源；人

只有在从容、闲暇中，才能发现人性的真正本质；人只有在淡泊明志中，内心才会像平静无浪的湖水一般谦虚和顺，这时才能获得人生的真正乐趣。要想参悟人生的真正道理，再也没有比这更好的方式了。

这其实探讨的是如何认识快乐的问题。"快乐"看起来简单，实际上却很有深意，不太容易真正做到。甚至有现代学者指出：欢乐并不等于快乐！

一位心理学家说："明白了欢乐并不等于快乐，最能令我们得到解脱。我住在好莱坞和迪士尼乐园所在的地方，那里一年到头阳光明媚。或许你会以为，住在这样一个欢乐的地方，一定比别人快乐。如果你这样想，你的看法就不免有些偏颇了。"

许多人认为欢乐等于快乐，但事实上，它们两者之间并没有多少共通之处。欢乐是人们在进行一种活动时的感受；而快乐则是在活动结束之后才会感受到的，快乐是一种更深入、更持久的情绪。

去游乐场游玩，去看球赛或电影，这些都是欢乐的活动，能帮助人们放松身心、忘却烦恼，甚至哈哈大笑。但是，这些不一定会给我们带来快乐。

有人曾说："我常常认为，如果说好莱坞的电影明星对我们有什么影响的话，那就是他们让我们知道了快乐和欢乐的区别。这群既富有又漂亮的人经常参加盛大的宴会，坐豪华的汽车，住金碧辉煌的房子，这一切都意味着'欢乐'。可是，这些名人一个又一个地在他们的回忆录中，揭露着他们'欢乐'背后隐藏着的不快乐：情绪消沉、酗酒、吸毒、离婚、子女行为有问题、极度孤寂，等等。

"可是偏偏有些人相信，那些能挣大钱、拥有名誉地位的人是快乐的，因为他们有很多的物质财富。而事实上，他们可能并不快乐。不要以为那些人坐的汽车更豪华，他们度假的地方更高级，他们住的房子更富丽堂皇，他们就可以得到前所未有的快乐，而事实上，这些只是人外在的表现，一个人的内心是否快乐，并不由这些外在的东西决定。"

明白和承认了"欢乐并不等于快乐"这一点，可使人们得到心灵的放松，使人们更好地在简单的生活中体会到

中篇
养性

快乐，使金钱得以善用：不去买并不能增加快乐的新汽车或者漂亮的服装，而是踏实安心地把日常的生活安排得丰富多彩。

　　然而，现实中还是有很多人"执迷不悟"地迷失在"心理的牢笼"中。所以，不要以为只有有钱的人才能获得快乐，人即使身无分文，只要他能学会调整自己心态的方法，也一样可以得到那些属于自己的特有的快乐。快乐不应该用"假如"来限定条件——你有权"自娱自乐"，不论你是百万富翁抑或是不名一文的流浪汉。因为，快乐在每个人的心里，只要你想拥有快乐，它便会成为现实。

追求简单的生活

现代社会中，竞争压力越来越大，人们的精神时常紧绷得像上了发条的闹钟，人们的脚步时常紧张忙乱，神情时常疲惫倦怠，为名利权势而奔忙。

古往今来，很少有人能挣开名利的"枷锁"，人们争名于朝、争利于市，或可快意于一时，可是转瞬之间，一切皆成烟云。

《菜根谭》中写道："藜口苋肠者，多冰清玉洁；衮衣玉食者，甘婢膝奴颜。盖志以淡泊明，而节从肥甘丧矣。"意思是说，能过着粗茶淡饭生活的人，他们的操守多半像冰一样清、玉一样纯；而讲究穿着华美、饮食奢侈的人，他们多半甘愿做出卑躬屈膝的姿态。因为一个人的志向要在清心寡欲的状态下才能表现出来，而一个人的节操则是从贪图物质

享受中丧失殆尽。这段话启示人们：追求简单的生活，才有利于人品格的修养。

据说，石榴有两种：花石榴和果石榴。花石榴开千瓣之花，却结不出粒米之实；果石榴以寥寥数瓣的花朵，却孕育出甘甜的浆汁。

有个富人，他用孔雀的毛编成丝，纯金打成钩，钩上镶钻石，并用珍珠做饵，持银质的钓竿钓鱼。然而，鱼儿并不理睬。能钓到鱼的，反倒是那些持竹竿的垂钓者。

很多时候，人们会被一些外表看似很美丽的东西迷惑，而忘记了自己真正应该追求的不是过程而是结果，或者轻易地把过程当成结果。这时，人们就容易把一些简单的事情变得十分复杂，并希望从这种复杂里体会到成功的喜悦；而最终的成功，却往往因此而与人失之交臂。

其实，人生的道路上若是铺满鲜花反而可能会耽误了行程，倘若索性简单一些，人们或许会"采摘"到更大的"果实"。因此，人要学会简单地生活！

爱琳·詹姆丝是美国倡导简单生活的专家。作为投资人、作家和地产投资顾问，她在这些领域努力奋斗了十几年后，有一天，她坐在写字桌旁，呆呆地看着面前写满密密麻麻事宜的日程安排表。突然，她觉得自己对这张"令人发疯"的日程表再也无法忍受下去了，自己的生活已经变得太复杂了。就在那一刻，她做出了一个决定：她要开始简单的生活。

她立刻着手列出一个清单，把需要从她的生活中删除的事情都列出来。然后，她采取了一系列"大胆"的行动。首先，她取消了所有的预约电话；其次，她退订了预订的杂志，并把堆积在桌子上的所有她还没有读过的杂志都扔掉。再次，她注销了一些信用卡，以减少每个月收到的账单函件。最后，通过改变日常生活和工作习惯，使得自己的房间和屋外的草坪变得更加整洁。总之，她的整个简化清单上包含80多项内容。

爱琳·詹姆丝说："我们的生活已经变得太复杂了。在我们这个世界的历史进程中，从来没有像我们今天这个时代拥有如此多的东西。这些年来，我们一直被诱导着，使得我

们误认为自己能够拥有所有这一切的东西，我们已经使得自己对尝试新产品感到厌倦。许多人认为，所有这些东西让他们沉溺其中并心烦意乱，使得自己失去了创造力。

"因为受习惯的生活方式的影响，你每天有多少活动是不得不勉强为之的？追求舒适的习惯和烦琐的例行公事是否会让你的日常生活落入浪费时间、浪费精力的陷阱？其实，减少那些程式化的活动，并不会因此就让人减少机会。

"习惯驱使我们去做所有这些日常琐事。我们总是担心如果自己不去做，就会失去什么东西。我最后总算明白过来，是的，也许我的确会失去什么东西，但是这没什么不好，我还好好地活着。我不仅仅是活着，而是活得更潇洒了，因为我再也用不着总是试图去做所有的事情。看看那些在艺术领域、音乐领域、科学领域做出过卓越贡献的人，比如毕加索、莫扎特、爱因斯坦，这些人都生活在极为简单的生活之中。他们全神贯注于自己的主要领域，挖掘内在的创造源泉，获得了丰富精彩的人生。"

摒弃那些多余的东西，不要让自己迷失方向，贪婪地占有只会占用人们大量的时间和精力，而这些时间和精力本来可以用在人们真正希望去做的事情上。

事实上，只有面对真实的自我，才能让人真正地容光焕发。当人只为内在的自己而活，而不在乎外在的虚荣时，幸福感才会润泽人干枯的心灵，就如同雨露滋润干涸的土地一样。人需求的越少，得到的自由越多。正如梭罗所说："大多数豪华的生活以及许多所谓舒适的生活，不仅不是必不可少的，反而是人类进步的障碍。"虽然豪华和舒适颇具吸引力，但有识之士更愿过简单的生活。

简单的生活，不是如佛家般脱离红尘、置身世外、不问世事，也不是如庄子般"绝圣弃智，擢乱六律"，而是让人以一种淡然的心境宽待生活，在"风烟俱静，天山共色"的悠然中，体会"天凉好个秋"的情怀。

简单的生活，也不是凡事无争、敷衍生活，而是让人心平气和地做自己的工作，过自己的生活。人独处斗室时，可以在书林翰海中徜徉忘神；挚友相聚时，可以在亲情与友情中怡然自乐；在平凡的家庭生活中，人也能因亲人关怀的话

语而如沐春风，因孩子可爱的咿呀学语而快慰不禁；甚至最单调的锅碗瓢盆"交响曲"，人也完全可以换个角度去欣赏、去赞美："啊，简单的劳动正在丰富和美化着我们的生活!"

总之，在纷繁的世界中抛去苛求，简单地生活，这样能帮助人们重新找到迷失的"自我"，恢复为利欲蒙蔽的"本性"，使生活多一份诗意，多一份潇洒，多一份平和，多一份自我欣赏与肯定!

下篇

思过

修心思过，砥砺德行

一个人要想过上美好、幸福的生活，就必须具备与之相符的良好道德修养。孔子指出，一个人如果能堪称"君子"，除了有崇高的理想和追求外，良好的道德修养也极为重要。对于"君子"来说，要经得住困难的考验，因为，"岁寒，而知松柏之后凋也"。

孔子表达过这样的观点："君子关心的是道德修养，小人关心的是土地。君子关心仁义，小人关心物质利益。君子能反省自己，小人则怨天尤人。君子不断地提升自己的人生境界，小人则不断走向沉沦。"可见，孔子心目中的"君子"主要是指有道德修养的人，"小人"是指缺乏道德修养的人，而"圣人"则是指对道德理想充分实现的人，达到人格的圆满。

　　品格是道德的核心，而追求良好的品格，其实就是追求全面性的"个人卓越"与"人际卓越"。人想要达到真实、全面、令人深感满意而且可以长久的"个人卓越"境界，就务必要拥有良好的品格，比如正直、诚实、耐心、勇气、仁慈、宽容、富于责任感等。

　　人们一旦确立了道德标准，并将其作为伦理道德的指南，那么在"生命的航程"中受到诱惑或"狂风暴雨"袭击的时候，就不至于使自己的生命轨迹偏离"航向"。一些人正因为没有十分坚定的道德标准，因此，一旦遭遇到困难挫折，就很容易被击败。在一个人努力实现自己的理想目标、向自己心中的梦想迈进的过程中，道德品格发展的重要性丝毫不逊于智力的发展以及做事的技巧。一个人如果未能培养良好的品格，便不可能拥有真正成功的人生。因为，一个人假如没有能力去评估怎样做才最合乎自己的利益，便容易追求错误的梦想，走上歧途。一个人如果没有伴随品格而生的智慧，往往会优先追求眼前可以带来短暂快乐或其他"甜头"的事物。然而，眼前看起来美好的事物，以长远的观点看却未必尽然。事实上，假如没有伴随品格而来的洞察力、自我约束力以及良好的耐性，人便难以平稳迈向全方位的"个人卓越"。反之，人们如果能拥有良好的道德品格，就可能扫除众多的障碍，从而获得个人真正的成功。

人待人处事，必须以坚实的道德基础。没有这样的基础，任何一个想要获得成功的人都注定要失败。

而确定明确的道德标准，是必需的。任何事物的发展都有一个从量变到质变的过程，人的高尚思想境界也是在长期实践中日积月累形成的；而人的思想道德上的滑坡，往往是从对小毛病的自我原谅，对一些看似不起眼的小事的自我放松中开始的。因此，人对自己的道德修养要从"微小之处"着手，严格要求，做到"勿以善小而不为，勿以恶小而为之"。

君子应以"义"为上，见"义"而为

"见义勇为"是中华民族千百年来最为崇尚的美德之一。其本义是，人看到合乎正义的事情就勇敢地去做；遇到暴徒行凶、幼童落水，以及在一些意外灾祸的危难关头，应挺身而出，不惜牺牲自己的生命。"勇敢"是值得提倡的，但前提是应符合"正义"，这是区分"勇敢"与"莽撞"的根本界限。无"义"之勇没有意义，见"义"之勇才值得颂扬。

人们对"见义勇为"的行为总是给予应有的颂扬，甚至给予其当之无愧的荣誉和奖赏。没有哪一个时代不倡导"见义而为"之风尚，从某种意义上讲，"见义而为"是利国利民的。

孔子强调，君子应当"见义而为"。孔子说："仁者必有勇，勇者未必有仁。"意思是，具有仁义德行的人，必定有

"勇"。"勇"于什么呢？"勇"于"仁"，"勇"于"义"。但有"勇"的人不一定具有仁义的德行，因为有些所谓"勇者"，只是勇于做坏事，为非作歹，或者只是不问青红皂白地蛮干。所以，孔子强调，君子应把"义"作为至高无上的准则。人只是有"勇"而无"义"，人就会失去对"勇"的判断，只有把"义"与"勇"相融相合、统为一体，人才能真正做到"见义而为"。

在历史上，敢于见义勇为，甚至舍生取义的志士仁人是非常多的，墨子就是其中一个杰出的代表人物。

墨子怀抱"济世"的情怀行义天下，认为只有"义"才能利民、利天下。所以，他不仅极力宣传他的学说和主张，而且尽力制止非正义的、给天下百姓带来无穷灾祸的战争，可以说，他达到了见义勇为的至高境界。

闻名天下的巧匠公输盘为楚国制造了一种叫作"云梯"的攻城器械，楚王将要用这种器械攻打宋国。墨子当时正在鲁国，听到这个消息后，立即动身，走了十天十夜直奔楚国的都城郢，去见公输盘。

下篇　思过

149

公输盘对墨子说："夫子到这里来有何见教呢？"

墨子说："北方有人侮辱我，我想借你之力杀掉他。"

公输盘听了面露不快之色。

墨子又说："请允许我送你10锭黄金作为报酬。"

公输盘说："我义度行事，绝不去随意杀人。"

墨子立即起身，向公输盘拜揖说："请听我说，我在北方听说你造了'云梯'，并将用'云梯'攻打宋国。宋国又有什么罪过呢？楚国的土地有余，不足的是人口。现在要为此牺牲掉本来就不多的人口，而去争夺自己已经有余的土地，这不能算是明智之举。宋国没有罪过而去攻打它，不能说是'仁'。你明白这些道理却不去谏止，不能算作'忠'。如果你谏止楚王而楚王不从，就是你不强。你'义'不杀一人，却准备杀宋国的众人，确实不是个明智的人。"

公输盘听了墨子的一席话后，深为折服。

墨子接着问道："既然你承认我说的是对的，你为什么不停止攻打宋国呢？"

公输盘回答说："不行啊，我已经答应过楚王了。"

墨子说：“何不把我引见给楚王呢？”

于是，公输盘引墨子见到了楚王。

墨子对楚王说道：“假定现在有这样一个人：舍弃自己华丽贵重的彩车，却想去偷窃邻舍的那辆破车；舍弃自己锦绣华贵的衣服，却想去偷窃邻居的粗布短袄；舍弃自己的膏粱肉食，却想去偷窃邻居家里的糟糠之食。楚王认为这是个什么样的人呢？”

楚王说：“这一定是个有偷窃习惯的人。”

墨子继续说道：“楚国的国土，方圆五千里；宋国的国土，不过方圆五百里，两者相比较，就像彩车与破车一样。楚国有云楚之泽，犀牛麋鹿遍野都是，长江、汉水又盛产鱼鳖，是富甲天下的地方；宋国贫瘠，连所谓的野鸡、野兔和小鱼都没有，这就好像粱肉与糟糠相比一样。楚国有高大的松树、纹理细密的梓树，还有楠木、樟木等等；宋国却什么也没有，这就好像锦绣衣裳与粗布短袄相比一样。由这三件事而言，大王攻打宋国，就与那个有偷窃之癖的人并无不同，我看大王攻宋不仅不能有所得，反而还有损于大王的‘义’。”

楚王听后，说："你说得太好了！但尽管如此，既然公输盘为我制造了'云梯'，我就一定要攻取宋国。"

看来，此时墨子若想仅仅依靠"义"来达到自己的目的是不可能了；这时候，要想说服楚王，就需要"勇"和"智"了。

鉴于楚王的固执，墨子把目标转向公输盘。

墨子解下自己的腰带围作城墙，用小木块作为守城的器械，要与公输盘较量一番。

公输盘多次设置了攻城的巧妙变化，墨子都全部成功地加以抵御。等公输盘的攻城器械全都用完了，他还是没有攻下城池；墨子守城的方法却还没有用尽。

公输盘认输了，但是他又说："我已经知道该用什么方法来对付你，不过我现在不想说出来。"

墨子也说："我也知道你用来对付我的方法是什么，我也是不想说出来罢了。"

楚王在一旁不知道他们两个人到底在说什么，忙问其故。

墨子说："公输盘的意思不过是要杀死我，杀死了我，宋国就无人能守住城，楚国就可以放心地去攻打宋国了。可是，我已经安排我的学生禽滑厘等三百人，带着我设计的守城器械，正在宋国的城墙上等着楚国的进攻呢！所以，即便是杀了我，也不能杀绝懂防守之道的人，楚国还是无法攻破宋国。"

楚王听后大声说道："说得太好了！"他不再固执地坚持攻打宋国，而是对墨子表示："我不进攻宋国了。"

就这样，见义勇为的墨子成功地用自己的"义"、"勇"、"智"，阻止了楚王进攻宋国的计划。

古人把"勇"与"仁义"联系起来，提倡"义勇结合"；放在今天，就是要把"勇"与国家、人民的利益联系起来。"义"是标准，包含着是非判断。那种"讲哥们义气"、结帮成伙、无视法律、恃强凌弱、横行霸道的行为，不是见义勇为，而是"江湖义气"，是一种狭隘的"义"，绝非"大义"。那种出于虚荣心、好奇心的血气之勇，既害了自己，又害了他人，绝不应当提倡。

"见义勇为"可以表现为一般问题上的敢作敢为，也可

以表现为大是大非面前的舍生取义。由于为社会正义和人类进步所做的斗争总是充满困难和危险，所以，"见义勇为"的人往往会付出沉重代价，甚至会牺牲自己宝贵的生命。孔子说"杀身以成仁"，孟子说"舍生而取义"，就是对这种精神的赞美与肯定。

古往今来，见义勇为、舍生取义的英烈不胜枚举：匡扶正义、"揭竿而起"的陈胜、吴广，义不辱节的苏武，守死不屈的颜真卿，深入虎穴擒贼的辛弃疾，"人生自古谁无死，留取丹心照汗青"的文天祥，"砍头不要紧，只要主义真"的夏明翰等等。他们把正义、信念、人格、操守看得比自己的生命更为重要，他们以大无畏的精神战胜了各种困难和威胁，他们这种舍生取义的大无畏精神和宏伟气魄，将永远光照人间。

所以，君子应以"义"为上，见"义"而为。

言必信，行必果

中国历来很重视"信"。"信"作为"五常"之一，对中华民族道德结构的形成产生了重要影响。孔子是"忠信"思想的有力提倡者，孔子强调，君子要言行一致，重承诺，守信用。因此，《论语》中说："言忠信，行笃敬。"就是说，人说话要忠诚守信，行为要庄重严肃。人说过的话，一定要守信用；确定了要干的事，就一定要坚决果敢地干下去。

孔子认为，仁义君子必须"主忠信"，"敬事而信"。在他看来，"信"是一种美德，人在现实生活中只有"言而有信"、诚实无欺，才能取得他人的信任。"信"是人与人交往和相处的基本准则，也是人修身、齐家、治国的基本准则。当权者只有守信用、取信于民，才能得到人民的拥护。"上好信，则民莫敢不用情。"即统治者讲信用，老百姓也就敢讲真话；相反，统治者朝令夕改、政策多变，今日是、明日非，弄得老百姓无所适从，这样的统治者百姓也就不敢再相信他了，他离失去民心也就不远了。

子张曾问"仁"于孔子，孔子说："恭、宽、信、敏、惠五者是仁，能行五者于天下，就可以称得上是仁人了。"这说明，"信"是"仁"的重要内容。孔子认为，"信"是体现人之本质的重要内容，为人而无"信"就像车子失去"方向盘"无法行驶一样，他将无法立足于社会。

古人择友，"信"在首要。

在东汉的"太学"，山东人范式和河南人张劭成为好友。学成后，两人约定要重聚，由范式到张劭家去，并定下了具体相聚的日期。两年后到了约定的这一天，张劭禀告母亲范式要来，请她准备酒食。张劭的母亲不信，说："两地相距这么遥远，你就一定相信他今日到？"结果，范式果然在这一天来到了张劭的家。张母说："范式真是一个讲信义的君子，你与他相交，不会有错！"后来，张劭得病死了，下葬的那一日，乡邻们忽然发现远处有一辆车急驰而来，白马素帷，痛哭之声路人相闻。张母说："一定是范式来了！"果然，只见范式手执麻绳、牵着灵车为张劭落葬，说："去吧！元伯（张劭字），生死异路，无法挽回，我和你就此永别！"在场的千余人闻言而同声落泪，他们都说自己从没有见到过像范式这样真心诚意、信而不爽的朋友。

古往今来，志士仁人都非常讲信用，无不对食言而肥的人嗤之以鼻。在现实生活中，有些人想到就说，朝令夕改；有些人好夸海口，从不兑现；有些人言不由衷，为人虚伪；有些人谎言哄骗，居心叵测。这些人迟早被人唾弃，他们绝不会交到真正的朋友。

中国历代伟大的贤人，比如：管子、商鞅、诸葛亮，他们都是以"信"立国、完成大业的。而传统文化中流传至今的"一言九鼎"、"一诺千金"、"一言既出，驷马难追"等成语、俗语，也显示了中国古代对信的推崇。"信"，是一种动力，让人们不推脱责任，有诺必践。

有这样一个故事：

有位妈妈有事要外出，但她的孩子却缠着她不放。妈妈没办法，只好对孩子说："乖孩子，妈妈现在要出去，但不能带你。这样吧，等我回来，就把那头猪宰了，今晚吃猪肉。"孩子一听，非常高兴地同意了。到了下午，妈妈回到家，一进院门，看见丈夫正在宰猪。她大叫："你怎么把猪宰了？"丈夫说："不是你说的吗？今晚吃猪肉啊！""哎，那是我哄孩子随口说的，你怎么……"谁料丈夫正色道："答应了孩子的事怎可出尔反尔？话说出口，就应该做到，否则就不要说。"

中国古代十分注重为人修养，很多圣贤在教导孩子时也很注意以身作则，以生活中的实例教导孩子做人最基本的道理，比如，为人须"言而有信"，一个人如果做不到的事就不要说能做到，一旦说了就必须做到。

"信"，并不是特指那种特立独行、高不可攀的高德嘉行。其实，人们平时所行的日常小事中都包含着"信"。越是守信的人，越在日常小事中显现出他的信用程度。

战国时的魏文侯有一次曾对管理猎场的人说："两天后，我要到此来打猎。"那一天，文侯与臣僚们正在饮酒，饮了一半，文侯却放下了酒杯，说："天不早了，我要出去。"臣僚们都很惊讶，他们劝阻文侯不要在下雨的时候出去，就和他们一起饮酒不是很好吗？文侯却说："我两天前与管理猎场的人约好今天去打猎，既然定好了，无论如何，我也不能失约！"

贵为君王的文侯，却如此重视与一名普通的管理猎场的人的约定，说明了他对守信重信的看重，值得今人向他学习。

相反，轻易许诺别人，却不兑现诺言，不仅会给自己带来不守信用的坏名声，更会招致许多麻烦，有时还会严重地伤害别人。

三国时期，吴国大夫鲁肃在诸葛孔明的"煽动"下，一时大意，轻率地许诺作保把荆州借给了刘备。岂知这一许诺，使得东吴伤透了脑筋。因为刘备"借"了荆州之后，却一"借"不还，为此，围绕荆州，吴蜀你争我夺，最后东吴是"赔了夫人又折兵"，气死了周瑜，为难了鲁肃。

人要做到不轻诺，除了要有自知之明外，还必须能够对客观情况有较为清楚的认识。人要谨慎许诺，一旦许诺，就要做到。只有这样，才能成为守信、诚实、"靠得住"的人，否则，人就容易在生活和事业中遭受失败。

公元前 408 年，魏文侯拜乐羊为大将、西门豹为先锋，率领五万人去攻打中山国。当时乐羊的儿子乐舒在中山国做官，中山国国君姬窟利用此一父子关系，一再要求乐舒去请求乐羊宽延攻城时间。乐羊为了减少中山国百姓的灾难，一而再、再而三地答应了乐舒的要求。如此三次，三个月过去了，乐羊还未攻城。这时西门豹沉不住气了，询问乐羊为何迟迟不攻城。乐羊说："我再三拖延，不是为了顾及父子之情，而是为了取得中山国百姓的民心，让老百姓知道他们的国君是怎样三番两次地失信于人。"果然，由于中山国国君一再失信，他失去了百姓的支持，结果一战即败。

而信守诺言的人，往往会最终取得成功。《左传》记载，晋文公时，晋军围攻原这个地方。在围攻之前，晋文公让军队准备三天的粮食，并宣布："如果三天攻城不下，就退兵。"三天过去了，原的守军仍不投降，晋文公便下令撤退。

这时，从城中逃出来的人说："城里的人再过一天就要投降了。"晋文公旁边的人也劝说道："我们再坚持一天吧！"晋文公说："信义，是国家的财富，是保护百姓的法宝。得到了原而失去了信，我们以后还能向百姓承诺什么呢？我可不愿做这种得不偿失的蠢事。"晋军退兵后，原的守军和百姓纷纷议论道："文公是这样讲究信义的人，我们为什么不投降呢？"于是他们大开城门，向晋军投降。晋文公凭着信义，获得了不战而胜的战果。

在诚信方面，三国诸葛亮治军的做法也非常值得称道。

三国时期，诸葛亮在祁山布阵与魏军作战。长期的拉锯战使士兵疲惫不堪，诸葛亮为了休养兵力，安排每次把五分之一的士兵送返国内。战争越来越激烈，一些将领为兵力不足而感到不安，便向诸葛亮进言说："魏军的兵力远远超过我们的预估，以现在的兵力来看，恐怕难以获胜，恳请将这次返乡的士兵延缓一个月遣送，以确保兵力。"诸葛亮说："我率军的一个基本原则是：凡是与部下约好的事情必定要遵守。"于是，他依然如期遣返士兵。士兵们听到这个消息后，都对其守信深为敬服，于是纷纷自动返回战场，英勇作战，结果大败敌军。在这次战争中，诸葛亮凭着信义，唤起了士兵的勇气和斗志，取得了胜利。

可见，人只有"言必信，行必果"，才能取信于人，获得成功。

坚持真理，坚守原则

《论语》中，孔子说："殷商有三位仁德的人。"其中，一位是纣王的兄长微子，后来他离开了朝廷；一位是纣王的叔父箕子，最后他变成了纣王的奴隶；还有一位是纣王的叔父比干，他以死劝谏纣王却被其杀害。

这三个人凭什么被孔子说是"仁德之人"呢？

"微子去之"，是指微子离开朝廷，为什么要离开？因为商朝末年，纣王暴虐，残害百姓而不守天道，并且不听劝谏。微子是纣王的兄长，是家中的长子，他看到国家灭亡已是必然，为了宗庙不被毁，他无可奈何地带着祖先灵位，离开了朝廷，投奔到周去了。这是微子对历代祖先的"仁德之心"。

纣王的叔父箕子，在朝廷上担任"三公"的重要职务，

他多次劝谏纣王但毫无作用。因为他忧虑国家存亡，所以他既不能离开也不能轻易赴死，于是变成了纣王的奴隶。这是箕子对国家政治的"仁德之心"。

纣王的叔父比干，为了国家、百姓而以死劝谏纣王，却被纣王残忍地杀害。这是比干对百姓的"仁德之心"。

这三个人的行为，或为保宗庙，或为保国家，或为保民众，虽然他们的所行所为不同，却都可以称得上是"仁德之人"。他们的人生价值体现在坚持正义、坚持原则上。因此，他们能够流芳千古，被孔子以"仁"赞誉之。

在中国历史上，几乎历朝历代都有这种敢于坚持真理与正义、坚守原则的"仁德之人"。

汉光武帝建立了东汉王朝以后，他知道老百姓对各地豪强争夺地盘的战争早已恨透了，于是决心采取休养生息的政策。例如，减轻捐税，释放奴婢，减少官差，他还不止一次地大赦天下。因此，东汉初年，社会经济得到了恢复和发展。

汉光武帝懂得打天下要靠武力，治理天下还须注意法令。不过，法令也只能管老百姓，要用其去约束皇亲国戚，那就难了。

汉光武帝的大姐湖阳公主就依仗弟弟是皇帝，为人骄横，不但她自己蛮横无理、恣意妄为，连她的奴仆也不把朝廷的法令放在眼里。

洛阳令董宣是一个"硬汉子"。他认为皇亲国戚犯了法，应该与庶民同罪。

湖阳公主有一个家奴仗势行凶杀了人，凶手躲在公主府里不出来。董宣想将其绳之以法，但他不能进入公主府中去搜查，无奈之下就天天派人在公主府门口守着，只等那个凶手出来。

有一天，湖阳公主坐着车马外出，跟随着她的正是那个杀人凶手。董宣得到了消息，就亲自带衙役赶来，拦住了湖阳公主的马车。

湖阳公主认为董宣触犯了自己的尊严，沉下脸来说：

"好大胆的洛阳令，竟敢拦阻我的车马!"

董宣可没有被她吓到，他当面责备湖阳公主不该放纵家奴犯法杀人。他不顾公主阻挠，吩咐衙役把凶手捉住，当场就把他处决了。湖阳公主大怒，认为董宣不把自己放在眼里，她赶到宫里，向光武帝哭诉董宣怎样欺负她。

光武帝听了，十分恼怒，他立刻召董宣进宫，当着湖阳公主的面，吩咐内侍责打董宣，想替姐姐出气。

董宣镇静地说："先别打我，让我把话说完，我情愿赴死。"

光武帝怒气冲冲地说："你还有什么可说的!"

董宣说："陛下是一个中兴的皇帝，应该注重法令。现在陛下任由公主放纵奴仆杀人，还能治理好天下吗?"说罢，他用头向柱子撞去。

光武帝连忙吩咐内侍把他拉住，但董宣已经撞得头破血流了。

光武帝心知董宣说得有理，也自觉不该责打他。但是他为了顾全湖阳公主的面子，还是要董宣给公主磕头赔礼。内侍把他的头使劲往下摁，可是董宣的双手拼力撑住地，他直挺着脖子，就是不肯低头。

那名内侍知道光武帝其实并不想治董宣的罪，可又得给皇帝找个"台阶"下，就大声地说："回陛下的话，董宣的脖子太硬，摁不下去。"

光武帝也只好笑了笑，下命令说："把这个'硬脖子'撵出去！"

湖阳公主见光武帝这么轻易就放了董宣，心里很不满，对光武帝说："陛下从前做平民的时候，还收留过逃亡的人和犯了死罪的人，官吏都不敢上咱们家来搜查。你现在做了天子，怎么反而对付不了一个小小的洛阳令？"

光武帝说："正因为我做了天子，才不能再像当平民的时候那么做事了。"

结果，光武帝不但没治董宣的罪，还赏给他三十万钱，奖励他执法严明。

　　"王子犯法与庶民同罪"说起来简单，其实是很难做到的，董宣敢于坚持这一点，可见其人格的高尚，而像光武帝一样能够容忍"硬脖子"下属的领袖也是比较英明、有远见的人。如果人都能坚持原则，维护公平、正义的社会秩序，社会也会清明许多。

　　生活中，坚守原则、弘扬正气，是共建公正、有序、和谐社会的基础。

让"内在美"和"外在美"统一

一个人，应该怎样立足于世才能称得上是一个"君子"？早在春秋时期，孔子在《论语》中就给"君子"界定了明确的标准："质胜文则野，文胜质则史。文质彬彬，然后君子。"意思是说：人只有质朴的品格，不注重礼节仪表，就会显得粗野；而只注重礼节仪表，缺乏质朴的品格，人就会显得虚浮。只有将质朴的品格与注重礼节仪表结合起来、相互配合，才算得上是一个"君子"。人不但要有良好的内在品质，还应有良好的礼仪教养和举止风度，做到"内在美"和"外在美"相统一，这是中华民族千百年来评判一个人是否当得"君子"之称的重要标准。

"君子"应文质彬彬，从个人修养的角度来理解，"质"是指质朴的品质，"文"是指文化的修养。"质胜文则野"是指一个人没有文化修养就会行为粗俗；"文胜质则史"则是指一个人过于文雅就会显得因太过注重繁文缛节而不切实际。所以，为人要"文质彬彬"，"质"与"文"要配合得当，一个人既要有文化修养，又不能迷失了质朴的本性，只有这样，才能够称得上是真正的"君子"。

有些人将孔子的"质"和"文"仅仅理解为天生的容貌和外在的服饰，这是一种相当片面的观点。因为，孔子认为，只有以"义"为"质"，依礼节实行它，用谦虚的语言说出它，用诚实的态度完成它，才是真正的"君子"。可见，孔子所说的"质"主要是指道德品格，是"仁义"，而"文"则是行"义"的外在行为表现。实际上，在现实生活中，一个人只有良好的品德而没有恰当的表现方式，是得不到好结果的；而一味追求文雅的表现形式，以至于冲淡了内在品质的修养，亦不会得到良好的结果。"文质彬彬"是"君子"应具备的道德标准，也是中国历代知识分子追求的目标。大诗人屈原在《离骚》中曾表露过自己的这一思想，他说："纷吾既有此内美兮，又重之以修能。"

大意是说：我已经具备了内在的美德啊，同时又注重修饰自己的外表。当然，相比之下，孔子认为更重要的还是"内在美"。下面的这个故事就形象地说明了这一点：

春秋时期，卫国有个名叫哀骀的人，他的容貌虽然很丑，可人们都非常喜欢和他交往。他与人相处亲近随和，别人都舍不得离他而去。

哀骀一无权位，二无财产，也没有什么高深的学问和显赫的事迹，可是这位外表粗陋、其貌不扬的"丑人"却受到几乎所有人的喜爱和赞美，这使得鲁哀公惊异不已，于是鲁哀公派人把哀骀从卫国请到鲁国加以考察。

鲁哀公与哀骀相处了不到一个月，就觉得哀骀确有不少过人之处，经过不到一年的考察，鲁哀公就很信任哀骀了。

不久，鲁国宰相的位置出现空缺，鲁哀公便让哀骀担任宰相之职并管理国事，可哀骀却无心做官，他虽在鲁哀公的再三要求下参与了国事，但不久他还是谢绝了高位厚禄，回到自己在卫国的"陋室"中去了。

对此，鲁哀公求教于孔子："哀骀究竟是怎样的一种人呢？"

孔子借喻道："我曾经在楚国看见一群小猪在刚死的母猪身上吃奶，一会儿都惊恐地逃开了，因为小猪发现母猪已不像活着时那样亲切了。可见，小猪爱母猪不是爱它的形体，而是爱主宰它形体的精神，爱它内在的品性。哀骀这个人虽然外表不美，但他的品德和才情等内在之美必定已超越一般人很多，所以您和许多人才喜欢他。"

这个故事告诉我们，只有内在美才能长久让人佩服，才值得人们追求和尊崇。虽然人外在的容貌、身材、风采和权位、财产等对他人也很有吸引力，可人内在的品德、学识、才能和真诚、自信等则会让其更有魅力。

孔子本人也是一位内外兼修的君子，他既注重内在品德修养，又注重进退礼节、举止言谈风度。中国古代历来提倡的"儒雅风流"就是对孔子所倡导的"文质彬彬"的"君子"之道的继承和发展。因此，人要做到内外兼修，达到"内在美"与"外在美"的统一。

匹夫之勇不可取

无论是什么品格，都需要用"礼"来加以节制，加以"中和"，这样才能使人们的言行合度，符合社会规范。

关于"勇"，孔子的论述有很多。他曾说："见义不为，无勇也。"孔子所言的"勇"，是让人们"勇于义"，"勇"于道德实践，而不是走马斗鸡的"匹夫之勇"。孔子说："好勇不好学，其蔽也乱；好刚不好学，其蔽也狂。"一个人爱好勇敢和刚强，而不爱好学习，就会胆大妄为，甚至作乱闯祸。因而，"勇"必须在"礼"的范围内行事，接受"礼"的约束。如果一个人不接受礼的约束，他的"勇敢"就可能闯祸。"勇而无礼则乱。"人只有加强自身的道德修养和文化知识的学习，才能克服"勇敢"的负面作用，使"勇敢"真正成为一种美德。

据说，孔子的父亲是一位有名的武士，他在春秋时期，以勇力闻名于诸侯。孔子本人，身长九尺六寸，勇力过人，且精于射箭和驾车，然而他并不是一味地推崇勇敢，而是主张"勇于义"。在孔子看来，仁德是勇敢的主宰，在仁德支配下的勇敢才是真正的勇敢，才是"君子之勇"。

所以，如果人一味地"勇"，像"莽张飞"或"黑李逵"一样，动不动就"勇"，那也会出乱子、闯大祸的，如同一个人直率却不符合"礼"的行为和语言会尖刻地伤害到他人一样。

一次，子路问孔子："您要是行军打仗要带谁啊?"孔子不留情面地说道："像你这样赤手空拳打老虎，不用船只徒身过河，死了也不后悔的人，我是不会带的，我要带的是遇到事情先思量，经过谋划深思而行的人。"

后来的事实证明，子路"忠"、"义"、"勇"皆有，却缺少礼教的匡正、文化的修养。

中国有句古话，"不可徒逞匹夫之勇"。故事是这样的。

北魏的皇族中，有个名叫可悉陵的人，他身材高大、魁梧强壮，性格勇敢坚毅，又练就一身好武艺，是一个难得的人才，因而很受皇室器重。

在可悉陵17岁的那一年，北魏皇帝拓跋焘带着他一块儿到山林里去打猎。他们一行人个个本领高强，善使弓箭，打起猎来神勇无比。没过多久，他们便捕获了许多野兔、鹿、山鸡之类的野味。众人带着猎物一边高声谈笑，夸耀自己打猎的成果，一边踏上归途。

众人边走边说，好不热闹，忽然有人察觉旁边的树木在微微颤抖，传出一阵草叶的"沙沙"响声，好像有什么动物在其中疾行。就在众人犹疑间，说时迟，那时快，丛林中突然蹿出一只吊睛白额猛虎，它大吼了一声，直吼得地动山摇。

众人惊出了一身冷汗，都惊慌失措，不知如何是好。就在这时，只听得一个人大喊道："保护皇上，看我的！"说话间，那人已跃到老虎面前。人们定睛一看：原来这人是可悉陵。

但可悉陵什么武器也没拿，只见他赤手空拳地和老虎搏

斗起来。眼见老虎的尾巴用力一掀，就要扫到可悉陵身上，人们都为他捏了一把冷汗，但可悉陵灵巧地一闪，躲开了。人们回过神来，弯弓搭箭想要帮可悉陵的忙，可悉陵却喊道："你们别插手，我一个人就可以了！"众人只好眼睁睁地看着可悉陵独自一人、身单力孤地和老虎"周旋"，心里都暗暗为他担心。

可悉陵躲过了老虎凶猛的"一扑"、"一掀"、"一剪"，瞅准机会跳到老虎背上，揪着虎皮，死死按住虎头，挥起铁拳狠命朝老虎的"天灵盖"砸下去。也不知打了多少拳，可悉陵累得再也打不动了，才发现老虎已经七窍流血，死了。可悉陵把这头老虎献给了拓跋焘。

然而，拓跋焘没有过分称赞他，而是说道："我们本来很有机会逃走，不跟老虎纠缠，实在走不了，就大家一起上，也可以轻而易举地置老虎于死地，可你偏要徒手和老虎单打独斗，你的勇气和忠心确实超人一等，但这些应该用来造福国家，而不应该浪费在这种不必要的搏斗上。万一你出了差池，岂不是太可惜了吗？"

拓跋焘的话很有道理，可悉陵的行为表面上看似乎勇猛无比，其实不过是逞匹夫之勇，并不值得人们大力推崇。

"勇敢"虽是优点，但是不能为了"出风头"或一时痛快而冒不必要的风险；否则，只能算是逞"匹夫之勇"。

"小不忍则乱大谋"

人生在世，每个人都会遇到不顺心的事情，也难免会有想发脾气、闹情绪的时候。老子说："自制者强。""强行者有志。"这是亘古不变的至理，值得人们深思。

孔子说："巧言乱德，小不忍则乱大谋。"

"小不忍则乱大谋"的核心，就是一个"忍"字。所谓"心字头上一把刀，遇事能忍祸自消"，所谓"忍得一时之气，免却百日之忧"。人对于日常的琐碎之事，不必去斤斤计较。一个人若连"小事"都无法忍受，就无法成就伟大的事业。

韩信的故事就是对此哲理的一个很好的佐证。

韩信是汉高祖刘邦手下的大将，他年轻时整日游手好闲，无所事事。有一天，一群小混混找茬对他说："你长得倒不错，但不知胆量如何呢?"韩信听后沉默不语。这时围观的人越来越多，小混混又挑衅说:"如果你有胆量，就来杀我;你如果害怕，就从我的胯下爬过去吧。"韩信仍然一言不发，他默默地爬过那人的胯下。这就是历史上著名的"胯下之辱"的故事。

人的一生中，令人生气、惹人发怒的事不计其数，人倘若每件事都斤斤计较、耿耿于怀，是成不了什么大事的;反之，一个人胸怀大志，常常能"忍人所不能忍"，对于许多事情不会放在心上，而是坚定地朝着自己的目标奋进。

俗话说:"忍一时风平浪静，退一步海阔天空。""以忍为上"是一种"玄妙"的处世哲学。常言道:"识时务者为俊杰。"所谓"俊杰"，并非专指那些纵横驰骋如入无人之境，冲锋陷阵、无坚不摧的侠客、英雄;更是指那些能够以自己博大的胸怀和顽强的毅力获取成功的人。

生活中，很多人都会碰到不尽如人意的事情。现实需要人们勇敢地承受并积极地去面对。要知道，一个人敢于"碰硬"，不失为一种壮举，可是，也要知道，一个人若是硬要

"拿着鸡蛋去碰石头"，只能说他是在做无谓的牺牲。此时，人需要用另一种方式来面对生活，即一切以大局为重，能够"忍一时之气，成一世之势"。

"忍"也是个人修养、智慧、能力的集中体现。一个人遇事动辄发怒、争强好胜，往往会因小失大，就像《三国演义》中的周瑜。周瑜为人气量狭窄，不能容忍诸葛亮比自己技高一筹的现实，一定要与诸葛亮较量到底。明明曹操在赤壁战败，东吴政权应将主要力量投入到向北扩大地盘的征战中，可是周瑜却让孙权带一部分兵力前往合肥与曹操手下的大将张辽交战，结果受挫，自己则带着东吴主力军与诸葛亮争夺荆州。而争夺的结果自然是失败，周瑜也为此负气身亡，这正是他缺乏修养和胸襟的表现。

在中国历史上有许多以"忍"来体现个人修养与才能的例子。

《三国演义》中的曹操作为"治世之能臣，乱世之奸雄"，尤其善"忍"。当董卓擅权作乱时，众官想到汉室将亡，一齐泣哭，唯曹操"抚掌大笑"。当王允责备他时，曹操说："吾非笑别事，笑众位无一计条董卓耳。操虽不才，愿即断董卓头，悬之都门，以谢天下。"等到曹操行刺董卓不成时，他又赶忙"持刀跪下"，谎称"献刀"，足见其处事的机智。

曹操剪灭吕布后，已有"挟天子以令诸侯"之威，不想来了个弥衡，击鼓大骂曹操。张辽等人要杀弥衡，曹操却忍住了，不愿去担"害贤"之名，将弥衡送刘表处，最后黄祖杀了刘表。曹操的"忍"可见一斑。

"忍"是个人意志品格的磨练程度的体现，是一种自强不息的内在力量。孟子说："故天将降大任于斯人也，必先苦其心志，劳其筋骨，饿其体肤，空乏其身，行拂乱其所为，所以动心忍性，曾益其所不能。"这种"动心忍性"的处事方法，一向被人们所推崇。

《三国演义》中的刘备，是"以忍求尊"的出色运用者。他本为汉室甲胄出身，有关羽、张飞为之效力，虽立功，却仅得安喜县尉之职，但他仍然遵命上任；后张飞怒鞭督邮，为了维系"桃园结义"的情义，他毅然辞官而去；虎牢关战败吕布，他显露锋芒，但仍然坐在诸侯的末位；曹操灭吕布后，刘备与曹操在许都供职，他更是如履薄冰，曹操以"青梅煮酒论英雄"相试，刘备则以"韬晦之计"避让；等到脱离许都后，刘备又先后投奔袁绍、刘表；他总是表现出一副宽厚待人的样子，甚至蔡瑁几次逼杀于他，刘备都只是避让而已，并无反击。而偏偏就是这样一个能够事事忍让的人，得到了人们普遍的尊重，连曹操等政治对手也称他为"英雄"。刘备通过处处忍让而赢得人心，由得人心而得到像诸葛亮这样的人才，最终得以建立西蜀政权，形成与魏、吴"鼎足三分"的格局。刘备的成功显示了"以忍求尊"人生智慧的神奇力量。

明代朱衮在《观微子》中说："君子忍人所不能忍。"从人格、意志、修养、智慧诸方面探讨"忍"在个人人生中的价值。"忍"并非是"懦弱"的表现，恰恰相反，它显示了一种力量，是人们内心充实、心地坦荡、无所畏惧的表现。"忍"是一种强者才具有的精神品质。

"忍"不是低三下四，甘愿受他人摆布，忍气吞声，受人欺侮，逆来顺受，不去反抗的方法，而是一种积蓄力量、绝地反击的方式。一个人善于"忍"，更容易得到别人的帮助，更容易汲取到各个方面的力量，从而为自己的发展和成功奠定良好的基础。

谦受益，满招损

谦虚谨慎是中华民族历来推崇的美德，历代圣贤推崇"见贤思齐，见不贤而内自省也"。意思是，一个人看到贤德之人要向其学习；看到不贤德的人就要引以为鉴，反省自身。

谦虚谨慎是每个道德高尚的人的品格基石。具有这种品格的人，在待人接物时能做到温和有礼、平易近人、尊重他人，善于倾听他人的意见和建议；能向别人虚心求教，取长补短；对待自己有自知之明，在成绩面前不居功自傲，在缺点和错误面前不文过饰非，能主动采取措施进行改正。

孔子一向注重对谦虚谨慎这一品格的培养，还经常对其弟子言传身教。

一天，孔子带着弟子到鲁桓公的祠庙里去参观，他看到一个可用来装水的器皿，形体倾斜地放在祠庙里。在那时候，人们把这种倾斜的器皿叫欹器。

孔子便问守庙的人："请告诉我，这是什么器皿呢？"守庙的人告诉他："这是欹器，是放在座位右边，用来警诫自己，如'座右铭'一般用来伴坐的器皿。"孔子说："我听说这种用来装水的伴坐器皿，在没有装水或装水少时就会歪倒；水装得适中、不多不少的时候它就会是端正的。倘若它里面的水装得过多或装满了，它也会翻倒。"说着，孔子回过头来对他的弟子们说："你们往里面倒水试试看吧！"弟子们听后舀来了水，一个个慢慢地向这个可用来装水的器皿里灌水。果然，当水装得适中的时候，这个器皿就端端正正地立在那里。不一会儿，水灌满了，它就翻倒了，里面的水流了出来。再过了一会儿，器皿里的水流尽了，就倾斜了，它又像原来那样歪斜在那里。

这时，孔子长长地叹了一口气，说道："唉！世界上哪里会有太满而不倾覆翻倒的事物啊！"

骄傲自满的人，结局大多是失败。一方面，骄傲自满会导致人自高自大，看不起别人；另一方面，骄傲自满会导致人盲目自信，不思进取。才智越高的人，学习越深入，见闻越广博，越会感到学海无涯而个人知识有限，因而会更加谦虚谨慎，处处收敛锋芒，不炫耀自己的才能。而那些才智浅薄的人，他们不知"山外有山、天外有天"，自己一知半解之后，便盲目自大、自吹自擂、目中无人。这就是俗话说的"满罐不晃荡，半罐起波浪"。

谦虚谨慎是一个人建功立业的前提和基础。俗话说："满招损，谦受益。""人之不幸，莫过于自足。""人之持身立事，常成于慎，而败于纵。"

李时珍因为《本草纲目》而流芳后世。《本草纲目》之所以能将药物写得如此详尽、精确，与李时珍的谦虚谨慎不无关系。李时珍为了弄清一些药物的作用及生长情况，除了亲自品尝、亲身实践外，还虚心向各地的药农请教。正是因为李时珍有这种谦虚的求知心，《本草纲目》才能做到广收博采，其成就和价值才会如此之大。

可见，一个人不论从事何种职业，担任什么职务，只有谦虚谨慎，才能保持不断进取的精神，才能增长更多的知识和才干。因为，谦虚谨慎的品格能够帮助人们看到自己的差距；能够使人冷静地倾听他人的意见和批评，谨慎从事。而骄傲自大、满足现状、停步不前、主观武断，轻则使人的事业受到损失，重则使人的人生屡遭挫折。

具有谦虚谨慎品格的人，不喜欢装模作样、摆架子、盛气凌人，他们能够虚心地向别人学习，吸取别人的长处。

美国第三届总统托马斯·杰弗逊认为："每个人都是你的老师。"杰弗逊出身贵族，他的父亲曾经是军中的上将，母亲是名门之后。当时的贵族除了发号施令以外，很少与平民百姓交往，他们也看不起平民百姓。然而，杰弗逊没有沿袭贵族阶层的"恶习"，而是主动与各阶层人士交往。他的朋友中当然不乏社会名流，但更多的是普通的园丁、仆人、农民或者贫穷的工人。他善于向各种人学习，懂得每个人都有自己的长处。有一次，他对法国伟人拉法叶特说："你必须像我一样到民众家去走一走，看一看他们的菜碗，尝一尝他们吃的面包。只要你这样做了，你就会了解到民众不满的原因，并会懂得正在酝酿的法国革命的意义了。"由于杰弗逊作风扎实、深入生活，所以，他虽高居总统宝座，却很清楚民众究竟在想什么、到底需要什么。正因如此，杰弗逊才能建立起密切的群众关系，并在此基础上，成为一代伟人。

谦虚谨慎的品格，还能使一个人在面对成功、荣誉时不骄傲，并将其视为一种激励自己继续前进的力量，而不会让自己陷在荣誉和成功的喜悦中不能自拔，把荣誉当成"包袱"背起来，沾沾自喜于一得之功，不思进取。

居里夫人以其谦虚谨慎的品格和卓越的成就获得了世人的称赞，她对荣誉的特殊见解，使很多喜欢居功自傲、自视甚高的人汗颜不已。一次，居里夫人的一个朋友到她家里去做客，忽然发现居里夫人的小女儿正在玩英国皇家协会刚刚颁给居里夫人的一枚金质奖章。居里夫人的那位朋友不禁大吃一惊，忙问："居里夫人，英国皇家协会的奖章是极高的荣誉，你怎么能给孩子玩呢？"居里夫人笑了笑，说："我是想让孩子们从小就知道，荣誉就像玩具，只能玩玩而已，绝不能永远守着它，否则就将一事无成。"居里夫人自己正是这样做的。也正因为受居里夫人的高尚品格的影响，她的女儿和女婿日后也踏上了科学研究之路，并获得了诺贝尔奖，居里夫人一家成为令人敬仰的两代人三次获诺贝尔奖的家庭。

总之，大凡有成就的人，都把谦虚谨慎当作自己人生的第一美德来培养。陈毅元帅在总结自己的革命生涯时，以诗的形式总结道："九牛一毛莫自夸，骄傲自满必翻车。"以此来既鞭策自己，又警示后人。所以，人要继承和发扬谦虚谨慎的美好品格，有意识地培养自己谦虚谨慎的作风，这对自己的人生大有裨益。

克服本能冲动，注重自律

人和动物在行为上的根本区别，在于人的行为有其自觉性；而动物的行为直接受其本能支配。本能是无须学习的，本能的行为不管如何复杂，总是直接、自发、没有节制地进行。动物一方面借助这些本能来满足自己的各种需要，另一方面它们又都是自己本能的"奴隶"；而人则能意识到自己的本能，并可以驾驭自己的本能。本能一旦被意识到，它就要受意识支配和控制，本能也就"社会化"了。因此，一切生物本能在文明人身上表现的时候，都要受其意识所控制。如果一个人的生物本能得不到意识和理智的约束，那么他就永远也不可能成为一个社会化的"文明人"，这个人的生命也就只能处于一种低级的动物状态。

有人把人的生物本能比作一匹野马；人的理智就像缰

绳，没有缰绳的马是一匹未经驯服的野马，而有缰绳控制的马，才是一匹有用的马。人只有用自己的意志努力去服从自己的理智，才能实现自己的目的，而约束可使人少犯错误或不犯错误。

古今中外的思想家都曾提到用理智约束自己，这是做人的一种基本准则。孔子强调"修己"和"克己"。古希腊的柏拉图提出："节制是一种秩序，一种对于快乐和欲望的控制。"亚里士多德说："人与动物的区别，正在于置行为于理智。""节制"被定为古希腊的"四德"（"智、勇、义、节"）之一。后世的思想家在发扬和修正这些学说时，也都一致强调理智对个人的约束作用。这些理论的局限是自不待言的，但是它们强调人的行为应自觉地受意识和理智的控制，却反映了人类社会生活的客观要求和人类历史发展的基本规律。从心理学的角度看，自我控制是自我心理结构中最重要的调节机制，也是人心理成熟的重要标志。

一位著名作家说："要想征服世界，首先要学会控制自己。"控制自己不是一件容易的事情，因为每个人心中永远

下篇 思过

191

存在着理智与感情的斗争。自我控制、自我约束也就是要人按理智判断行事，克服追求一时情感满足的本能愿望。一个真正具有自我约束能力的人，即使在情绪非常激动时，他也是能够做到这一点的。

自我约束表现为一种自我控制的感情。自由并非来自"做自己高兴做的事"，或者采取一种不顾一切的态度。一个人如果任凭情感支配自己的行动，那便使自己成了情感的"奴隶"，也就谈不上自由了。

我们每个人都在努力做使自己的生活更有意义的事，并且在向着未来的目标奋进。但是，在实际生活中，我们绝不应该只在意"今天"过得是否愉快，而丝毫不顾及"明天"可能产生的后果。人的情感大都容易倾向于获得暂时的满足，所以人要善于做好自我约束，在追求有意义的生活时，还应当努力预测自己所从事的事情对将来可能产生的结果。

不论我们现在如何享受目前的生活，养成自我约束的习惯都将有益于我们的未来。不要以为未来是非常遥远的，它是终究要到来的，而且它来得几乎总是比我们预期的要早。

一个没有养成自我约束习惯的人，他可能会反复地"屈从"于一种诱惑而去做不该做的事。这种错误的后果，甚至可能长期影响一个人人生的成败。

为什么有些人同样很努力，其中有的人成功了，有的人却失败了？他们可能都知道成功的途径，但他们之间有一个主要的不同在于，成功者总是约束自己，凭理智去做正确的事情；而失败的人总是容忍自己的情感占上风，任由情感支配自己做事。人要拥有自我约束的能力，必须抑制情感的冲动，不断分析自己的行动可能带来的长期后果；同时不屈不挠地按照符合自己决心和长远利益的决定行动。

人行动的基础，通常可分为两种：根据感情冲动行动或根据自我约束行动。

依感情冲动行事，往往是一种失去控制的危险行为。然而，人们在生活中却经常凭感情冲动行事，比如：当一大群人朝着一个方向行走，而我们的理智或常识告诉我们那是一个错误的方向时，我们自我约束的能力就受到严峻的考验。这时正是我们必须运用自我约束的力量压倒自己盲目从众心

理的关键时刻，要提醒自己，这个"从众"的决定从长远看并不正确。

依自我约束行动，从本质上讲，就是"自律"，使我们在被迫行动前，有勇气自动去做一些我们必须做的事情。"自律"往往和我们不愿做或懒于去做、却不得不做的事情相联系。比如，刷牙洗脸是我们每天必须要做的事情，但是当有一天我们回到家筋疲力尽时，如果我们倒床就睡，就是在放纵自己的行为；如果我们克服了身心的疲惫，坚持做当时该做的事，就是"自律"的表现。人们往往会遇到一些让自己讨厌或使行动受阻的事情，在这种情况下，人们应该克服这些事情对自己情绪的干扰，准备好接受考验。

作为成熟的人，我们必须具有自我约束的能力，养成自我约束的习惯，不要因为一些不重要的计划或无关的事情而让我们的理智偏离正确的轨道，我们必须保持自己头脑不受种种杂念的干扰，在生活中时刻注重"自律"，坚持去做自己认为正确、有益的事情，这样我们才会离成功越来越近。

自省自律，自制者强

每个人都会有做错事情的时候，也难免会有偏执的想法，人犯了错并不可怕，重要的是要及时改正。偶尔偏执，也是正常，但让偏执成了习惯，就大错特错了。老子说："自制者强。""强行者有志。"这是千古不变的至理名言，值得人们深思。

孔子认为，人难免会犯错误，犯了错误及时改正，仍不失为"仁人君子"，错而不改，才是错上加错。孔子对善于改正错误的大弟子颜回常常赞不绝口，认为他"不迁怒，不贰过"，是可堪造就之才。孔子本人不仅知过即改，能虚心接受他人批评，他还把他人对自己的错误批评当作人生的幸事。这是何等的胸怀与智慧！

在民间，流传着孔子的这样一个故事：

一天，孔子带着子路、子贡、颜渊等几个弟子外出讲学。他们来到海州时，天空中忽然电闪雷鸣，狂风暴雨大作。幸好当地的一个老渔翁把他们领进一个山洞避雨。

这个山洞面对着大海，是那个老渔翁平时歇脚的地方。孔子觉得山洞里有点闷热，便走到洞口，观看雨中的海景，看着看着，不觉诗兴大发，吟成一联："风吹海水千层浪，雨打沙滩万点坑。"

老渔翁听了，摇摇头，说道："先生，您说得不对呀！难道海浪整头整脑只有千层，沙坑不多不少正好万点？先生您数过吗？"

孔子觉得老渔翁的话有几分道理，便问道："既然不妥，怎样说才合适呢？"

老渔翁不慌不忙地说："我生在水边，长在海上，时常唱些渔歌。歌也罢，诗也罢，虽说不比真鱼真虾那么实在，可也得合情合理、句句传神。依我看，你那两句话可以改成这样：'风吹海水层层浪，雨打沙滩点点坑。'——浪层层，坑点点，数也数不清，这才合乎情理。"

子路在一旁听了，有些生气，对老渔翁说："圣人作诗，你也敢乱改！你也太……"

孔子连忙制止道："子路！休得无礼！"

老渔翁拍着子路的肩膀说："圣人有圣人的见识，但也不见得样样都比别人高明。比方说，这鱼怎么个打法，你们会吗？"

老渔翁的一句话，把子路问了个哑口无言。

老渔翁看到子路的窘态，不再说什么，他飞身奔下山去，跳上渔船，撒开渔网，打起鱼来。

孔子看着老渔翁熟练的打鱼动作，想着他谈海水、改诗句、议"圣人"、责子路的情形，猛然间发觉自己犯了个大错误，于是把弟子召集在一起，严肃地说："大家要记住：知之为知之，不知为不知，是知也！犯了错误就要勇于改正！"

俗话说："人非圣贤，孰能无过？"事实上，非但是常人，即便是"圣贤"也难免犯错误。只是"圣贤"比常人更善于改过迁善，所以他们才显得那么伟大而英明。

所谓"瑕不掩瑜"。就像"日食月食"一样，太阳、月亮暂时好，像被黑影遮住了，却最终掩不了它们的光辉。"君子"有过错也是同样的道理。"君子"有过错时，就像"日食月食"，虽暂时有污点、有阴影，但一旦他们承认并改正了错误，"君子"原本的人格光辉就又焕发了出来，他们仍然没有失了"君子"的风度。这就是《论语》中子贡说的"君子的过错就像日食月食一样：有过错时，人人都看得见；改正的时候，人人都仰望着。"

清代学者陈宏谋说："过则勿惮改。过者，大贤所不免，然不害其卒为大贤者，为其能改也。"如唐太宗李世民，他在几十年的君主统治期内让唐王朝达到繁盛并不仅仅因为他个人的才能，更在于他最突出的品德，即知人而善纳谏，集众人的智慧而修其政举，所以能做到善始善终。

魏征对李世民的帮助人人皆知，除魏征外，劝李世民为善的官员，以及李世民从善如流的事例，史不绝书。如，侍御史柳范不但弹劾李世民的爱子吴王恪田猎伤民，而且指责李世民本人也喜爱无度地出猎。李世民为此"大怒，拂袖而人"，但他转念一想，柳范所说的毕竟是实情，所以他最后还是对柳范的批评表示接受。

又如，李世民即位之初就下令修建洛阳行宫，准备行幸。给事中张玄素对他说："十年以前，是您平定了洛阳后把隋朝的宫殿付之一炬，现在唐朝的财力还比不上隋代，您却仿效隋代大建宫殿，这样看来，您竟连隋炀帝也比不上了！"面对这样尖锐的指责，李世民却也能点头叹息说："吾思之不熟，乃至于是！玄素所言诚有理，宜即为之罢役，后日或以事至洛阳，虽露居亦无伤也。"作为一代帝王，这是多么难能可贵的行为！唯其如此，李世民才博得了"明君"的称号，得以留名青史，成为历史上可数的为人称颂的皇帝之一。李世民一生的成就，是建立在其"改过迁善"的基础上的，值得我们学习。

"改过宜勇，迁善宜速"，这是古人的经验之谈。人如果做错了一件事，说错了一句话，最好的弥补方法，就是大大方方地承认自己的错误，表示自己悔改的决心，采取积极的行动去弥补自己的过失。这样做非但不会因暴露缺点而使自

下篇 思过

己失"面子",反而会因为坦率、诚实而引起人们对他的敬佩和尊重。

应该说，一个人只有具备了"改过迁善"的能力，才可以算是一个在完整意义上精神健全的人，就像一个人的肌体假如是健康而正常的，那他必定会具备吐故纳新、自我调节的功能一样。"改过迁善"，正是人的精神上的"自我调节"功能。一个精神、心理健康的人，必定是一个善于调节自身行为的人。

所以，人不要怕犯错误，也不要总为自己犯了错而后悔、烦恼。当一个人感觉问心有愧时，其实他应该是"无愧"的，因为他精神上的"自愈组织"正在战胜"病毒"而取得优势。怕就怕一个人不肯运用这种"调节功能"，不肯自我反省、自我谴责。古人云："过而不改，是谓'过'矣。"说的就是这个道理。

"改过迁善"，是任何人在任何时候都可以遵守而且必须遵守和施行的原则。中国古代有一则著名的故事，出自《晋书》：

在东晋时的江苏宜兴，有一个著名的强横少年，名叫周处，由于他凶横无比，所以人们对他又恨又怕，将他与当地山上吃人的猛虎与河里凶残的恶蛟相提并论，把他和"猛虎"、"恶蛟"并称为"三害"。周处知道这件事后，想改变自己的形象，于是主动去与乡老商量，说自己要杀猛虎和恶蛟。他杀死了猛虎以后，又下河去杀恶蛟。他徒手与蛟龙搏斗，沿江沉浮而下，三天三夜之后，血水把河面都染红了。人们以为周处死了，欢呼雀跃，谁知周处此时却杀了蛟龙回到乡里。他高兴地归来，看到的却是人们为他的死而庆贺的场面，周处真是难过至极。于是，他走到当时著名的文人陆机、陆云兄弟家中，倾诉了他的苦闷，他说："我现在十分痛悔以前的所作所为，只怕自己年事蹉跎，改也来不及了!"陆云对周处说："古训有言，早晨能认识真理，就是晚上死了，也无所遗憾。认识错误、改正错误没有早晚的区别。一个人只怕不立志，哪里有发奋做人而一事无成的道理？更何况你年华正茂，前途还很远大!"周处听了以后，回去潜心习武，刻苦读书，终于在朝廷谋得一职。后来，周处官至御

下篇　思过

史中丞，成为国家的大将，在抵抗外族入侵的斗争中以身殉国，成为一名英雄。

周处的故事告诉我们，一个人如果在日常生活中犯了些小错，就应果断地承认并改正错误，这永远都不会晚。

物极必反，水满则溢

常言道："物极必反"，"水满则溢"。为人处世应讲究恰当的分寸和尺度。《菜根谭》中写道："事事要留个有余不尽的意思，便造物不能忌我，鬼神不能损我。若业必求满，功必求盈者，不生内变，必招外忧。"意思是说：人不论做任何事都要留有余地，不要把事情做得"太绝"，这样即使是上天也不嫉妒他，"神鬼"也不会伤害他。假如对一切事物都要求做到尽善尽美的地步，一切成就都希望达到登峰造极的境界，即使不为此而发生内乱，也必然招致外来的忌恨或攻击。

美国一位心理学家进行了一项调查。他向 150 名每年收入 1 万 ~ 15 万美元的推销员提出一系列问题，结果发现，他们之中约有 40% 是属于追求完美的人。可以预料的是，这

下篇　思过

40%的人所受的压力，比那些不追求完美的人要大得多，但他们的成就是否更高呢？说来奇怪，答案是否定的。这些追求完美的人在生活中较那些不追求完美的人更常感到焦虑和沮丧，而且他们的收入并不比那些人的收入高。实际上，追求完美的人由于经常遭遇到挫折和压力，因此可能降低他们的创新能力和工作效率。

以上所说的"追求完美"，究竟是什么意思呢？有些人争取高水准，他们要求的是合理的卓越表现，这种健康的追求，并非以上所说的"追求完美"。我们所说的"追求完美"，是指强迫自己勉力达到不可能的目标，并且完全用成就来衡量自己的价值。这样的人通常极度害怕失败。他们感到自己不断受到鞭策，同时又对自己的成就不甚满意。事实证明，人强逼自己追求完美不但有碍健康，还会引起诸如沮丧、焦虑、紧张等情绪不安的症状，而且在工作效率、人际关系、自尊心等方面，亦会屡受挫折。

为什么追求完美的人特别容易情绪不安，为什么他们的工作效率会受到损害？其中一个原因是，他们以一种不正确和不合逻辑的态度看待人生。

追求完美的人最普遍的错误想法，就是认为"不完美便毫无价值"。比如，一个平时每科成绩都取得"甲等"的学生，由于在一次考试中有一科拿了"乙等"成绩，因而大感沮丧，认为那就是失败。这类想法导致追求完美的人害怕犯错，而且一旦犯错他们往往会做出过激的反应。

追求完美的人的另一个误解是相信错误会一再重复，认为"我永远都不能把这件事做对"。他们不会自问能从错误中学到什么，而只是自怨自艾地说："我真不该犯这样的错，我绝不能再犯了！"这种自责态度会导致他们产生受挫和内疚的感觉，这反而会使他们重复犯同样的错误。

因此，我们在处理问题时，要留一点回旋的余地。一根铁丝做成的弹簧是有弹性的，但是，如果我们不顾及弹簧弹性的最大承受力，过于用力地拉拽它，那么最终的结

果是弹簧的弹性削弱、消失。所以，我们做事情要考虑自己的能力，尽量做到量力而行、量体裁衣、留有余地。假如我们做到了"事事有余不尽"，放弃那些追求完美的想法和做法，我们的生活就会轻松很多、自如很多。

做人不可"机关算尽太聪明"

中国古代的贤哲经常强调，做人要把智巧隐藏在"笨拙"中，不可显得太聪明，收敛锋芒才是明智之举，宁可随和一点也不可自命清高，要"以退缩求前进"，这是一个人立身处世的"法宝"。

《菜根谭》中写道："富贵家宜宽厚而反忌刻，是富贵而贫贱，其行如何能享？聪明人宜敛藏而反炫耀，是聪明而愚懵，其病如何不败！"意思是说：一个富贵的家庭待人接物应该宽容仁厚，可是很多人反而刻薄无理，担心他人超过自己，这种人虽然身在富贵人家，可是他们的行径已走向贫贱之路，这样又如何能使富贵之路长久下去呢？一个聪明的人应该保持谦虚有礼、不露锋芒的态度；反之，如果夸耀自己的本领高强，这种人表面看来好像很聪明，其实他的言行跟

无知的人并没有什么不同，那他的事业到时候又如何不受挫、不失败呢！

《红楼梦》中的王熙凤可以说是"精明人"的一个杰出代表。《红楼梦》中说凤姐"机关算尽太聪明，反误了卿卿性命"，说她是"聪明反被聪明误"。

小说中多处展示了王熙凤过人的精明。比如，小说第四十六回有这样的情节：

凤姐因邢夫人叫她，不知道是什么事，就穿戴了一番，坐车过来。邢夫人将房内人遣出，悄悄地对凤姐说："叫你来不为别的，有一件为难的事，老爷托我，我不得主意，先和你商议：老爷因看上了老太太屋里的鸳鸯，要她在屋里，叫我和老太太讨去。我想这倒是常有的事，就怕老太太不给。你可有法子办这件事么？"

王熙凤万万没想到，婆婆将这样一件尴尬事推到自己面前。一方面，婆婆交办的事不好推托；另一方面，鸳鸯是贾母最信任的大丫头，如果自己插手此事，肯定会得罪贾母，那可不得了。凤姐想了想，决意采取巧妙的办法，避免自己介入这件尴尬事。于是，她笑着对邢夫人说："依我看，竟别碰这个钉子去。老太太离了鸳鸯，饭也吃不下去，那里舍得了？太太别恼：我是不敢去的。老爷如今上了年纪，行事不免有点儿背晦，太太劝劝才是。比不得年轻，做这些事无碍。如今兄弟、侄儿、儿子、孙子一大群，还这么闹起来，怎么见人呢？"

王熙凤企图用这些话打消邢夫人帮贾赦占有鸳鸯的念头。但是，禀性愚弱、只知奉承贾赦以自保的邢夫人不"识相"，王熙凤劝她别去"碰钉子"，她却先让王熙凤"碰了钉子"。邢夫人道："大家子三房四妾的也多，偏咱们就使不得？我劝了也未必依。我叫了你来，不过商议商议，你先派了一篇的不是！也有叫你去的理？自然是我说去。你倒说我不劝！你还是不知老爷那性子的！劝不成，先和我闹起来。"

王熙凤知道再劝下去，婆婆就会对自己有看法，忙将言语做了一个大幅度的调整："太太这话说的极是。我能活了多大，知道什么轻重？想来父母跟前，别说一个丫头，就是那么大的一个活宝贝，不给老爷给谁？我先过去哄着老太太，等太太过去了，我搭讪着走开，把屋子里的人我也带开，太太好和老太太说。给了更好，不给也没妨碍，众人也不能知道。"

王熙凤这番话既为自己开脱，又为邢夫人出谋划策。邢夫人见她这般说，便又欢喜起来，说道："正是这个话了。你先过去，别露了一点风声，我吃了晚饭就过去。"

凤姐心里暗想："鸳鸯素昔是个极有心胸气性的丫头，保不准她愿意不愿意。我先过去，太太后过去，她要依了，便没的话说；倘或不依，太太是多疑的人，只怕疑我走了风声。那时太太见又应了我的话，羞恼变成怒，拿我出起气来，倒没意思。不如同着一齐过去了，她依也罢，不依也罢，就疑不到我身上了。"王熙凤这样做，既避免了贾母怀疑她与邢夫人勾结，又避免了邢夫人怀疑她从中作梗，可谓"一举两得"。

于是，凤姐儿向邢夫人撒起谎来："才我临来，舅母那边送了两笼子鹌鹑，我吩咐他们炸了，原要赶太太晚饭上送过来。我才进大门时，见小子们抬车，说：'太太的车拔了缝，拿去收拾去了。'不如这会子坐我的车，一齐过去倒好。"邢夫人见凤姐说的在理，便命人来换衣裳。凤姐儿忙着服侍了一回，娘儿俩坐车过来。到了贾母住的门口，凤姐又说："太太过老太太那里去，我要跟了去，老太太要问起我过来做什么，那倒不好。不如太太先去，我脱了衣裳再来。"

邢夫人哪里知道，王熙凤以换衣服为借口逃离了"是非之地"，自己巧妙地躲开了。

邢夫人先与贾母说了一会闲话，然后到鸳鸯的卧房向鸳鸯"摊了牌"，结果"碰了一鼻子灰"。鸳鸯最后哭闹着来到贾母面前，表示誓死不离贾母的决心。此时的贾母果然不出所料，气得浑身打战，把在场的人不分青红皂白地臭骂了一顿："我统共剩了这么一个可靠的人，你们还要来算计！外头孝顺，暗地里盘算我！剩了这个毛丫头，见我待她好了，你们自然气不过，弄开了她，好摆弄我！"邢夫人被贾母数落得满脸通红，浑身不自在。

后来，王熙凤也来到了现场，贾母责怪了她几句，她便用早已想好的几句中听的话哄得贾母没了脾气。

王熙凤为人处世就是这样的精明，但是，这样"机关算尽"的人固然能让自己少吃些"眼前亏"，却活得太累、太苦，以至于她最后"反误了卿卿性命"，下场极为凄凉。

生活中处处精明的人往往活得很累，因此，《菜根谭》中总结道："进步处便思退步，庶免触藩之祸；着手时先图放手，才脱骑虎之危。"意思是说：当事业进展顺利时，就应该早有抽身隐退的准备，以免将来像山羊角夹在篱笆里一般，把自己弄得进退两难；当刚开始做某一件事时，就要预先策划好在什么情况下应该罢手，不至于以后像骑在老虎身上一般，无法控制已经形成的危险局面。

有这样一个寓言故事：

古时候，有一个农夫初次要到另一个村子办事，当时交通不便，他只能徒步行走。这个农夫走啊走，穿过一大片森林后发现，要到达另一个村子，还必须经过一条河流，不然的话，他就得爬过一座高山。

怎么办呢？是要渡过这条湍急的河流呢，还是要辛苦地爬过高山呢？

正当这个农夫陷入"两难"时，他突然看到附近有一棵大树，于是就用随身携带的斧头把大树砍下，将树干慢慢地砍凿成一个简易的独木舟。农夫很高兴，也很佩服自己的聪明才智，他很轻松地坐着自造的独木舟，到达了对岸。

上岸后，农夫又得继续往前走；可是他觉得，这个独木舟真的很管用，如果丢弃在岸旁，实在很可惜！而且，万一前面再遇到河流的话，他又必须再砍树，辛苦地凿成独木舟，那会很累。所以，农夫决定，把独木舟背在身上，以备不时之需。

农夫走啊走，背着独木舟，累得满头大汗，步伐也越来越慢，因为这独木舟实在是太重了，压得他喘不过气来！

农夫边走边休息，有时他很想把这独木舟丢弃。可是，他又舍不得，心想，既然已经背了好一阵子，就继续背吧！万一前面真的遇到河流，就可以派上用场了！

然而，农夫一直汗流浃背地走，走到天黑，一路上都很

平坦；在抵达另一个村子前，他都没有再遇到河流！可是，他却比不背独木舟，多花了三倍的时间才走到目的地。

在生活中，很多人如同上面的农夫一样，总是"执迷不悟"地追求或过分看中那些多余的东西，比如费尽心机地追求功名富贵，但结果往往事与愿违，到头来白白辛苦了一场，一无所获又让自己筋疲力尽。实际上，在很多时候，人只有摆脱名利的束缚，追求简单的生活，才是明智而快乐的选择。

"不舍弃鲜花的绚丽，就得不到果实的香甜；不舍弃黑夜的温馨，就得不到朝阳的明艳。"和自然界一样，人生也是在舍弃和获得的交替中得到升华，从而到达高层次的大境界。不懂得舍弃、事事"机关算尽"的人，最终往往一无所获。

放下名利，笑看人生

"世人都晓神仙好，惟有功名忘不了，古今将相在何方？荒冢一堆草没了。世人都晓神仙好，只有金银忘不了！终朝只恨聚无多，及到多时眼闭了！"这是《红楼梦》里的开篇偈语，似乎在诉说繁华锦绣里的一段公案，又像是在告诫人们名利场中的人情冷暖。人生是什么暂且不论，名利乃"身外之物"，却最能累人。可现实生活中，真正能放下"名"、"利"二字的人又有多少呢？

"名"，是一种荣誉、一种地位。"名"常常与"利"相连，有了"名"，就可能享受更大的权力；有了"名"，就可能万事亨通。总之，"名"与"利"是十分诱人的东西，很多人立足于社会、搏击人生的动力正来自于此。人适当地追求名利，并没有什么不妥，但若把名利看得太重，必将被

"名缰利锁"困住。现实生活中有不少这样的人，当名利尚未到手时，他们会尽心竭力、努力经营，甚至把获得名利当作自己生命的支柱而孜孜追求；待名利得到之后，他们还要战战兢兢、如履薄冰，唯恐名利离己而去，这些过分追求名利的人，常将自己弄得身心憔悴、疲惫不堪。他们之所以宁愿承受如此这般的"非人折磨"，是因为他们缺乏淡泊名利、笑看人生的平和心态。孟子说："养心莫善于寡欲。其为人也寡欲，虽有不存焉者，寡矣；其为人也多欲，虽有存焉者，寡矣。"意思是说：如果一个人心中的欲望是很有限的，那么对于他来说，外界获得的东西是多是少都不会助长他的欲望；而若一个人内心充满着无尽的欲望，那么他永远也不会有舒心的时候。在名利的驱动下，很多人一心想着"往上爬"、挣大钱、出人头地，而当这些名利得到了以后，他们的欲望会再一次膨胀，如此循环下去，他们将永远走在追求名利的路上，得不到满足。

古时候，有一个王国，在这个王国中，老国王刚刚去世，新国王年纪轻轻刚刚登基，这导致了一些外族的不服，因此经常出现犯边滋扰的情况，一时间王国的边境安全出现了危机。为了让边境人民过上安宁的生活，国王召开群臣会议，决定以武力解决边境问题，进而安定边疆。

国王的想法得到了群臣的支持，于是他马上颁布诏书："国家现在面临边境侵扰问题，边境人民生活苦不堪言，为了讨伐异族侵略，让边境人民过上安定的生活，国家特此颁发诏书网罗人才，如有自告奋勇、愿为国效力者，叛乱一经平定，皆有重赏。"此诏书刚刚颁布不久，就有三个年轻人应召而来。国王得知有人应召前来，感到十分高兴，在大殿接见了这三个人。

这三个人中，一个人的个子很高，一个人的个子很矮，还有一个人的个子适中。国王看了看这三个人，说："你们既然前来应召，一定是身怀绝技，我想看看你们都有什么绝技。"

高个子的人说："我善骑术。"

矮个子的人说："我善射术。"

中等个子的人说："我善谋略。"

国王听了这三个人的回答后，又针对边疆的问题询问他们有什么好的策略，这三个人一一说出了自己的想法。他们三个人的想法都得到了国王的肯定，于是国王择日让他们带领大军开赴边疆。

这三个人果然不负众望，他们带兵出征不久，边疆就频频传来喜讯，三个人屡建奇功。一个月后，异族侵略全部被平息，战事告捷，三人凯旋。国王履行了自己的诺言，对他们论功行赏。

国王问他们："你们攻克了异族的侵略，如今得胜回朝，我当初说过会给予你们重赏，现在你们想要什么，尽管说吧！"

高个子的人说："我要做大将军，为陛下镇守边关！"

中等个子的人说："我要做尚书，替陛下分担国事！"

矮个子的人却说："我一不当官，二不领兵，三不要钱。我只希望陛下能赐给我一群牛羊和一块牧场！"

对于矮个子的人的要求，国王听后很是惊讶，但国王没有多问什么，只是对他们的要求一一给予满足。

不经意间，几年过去了。矮个子的人放着牛羊，牛羊个个肥壮；他在牧场上，悠闲地吹着笛子，悠扬的笛声传了很远很远，他生活得很宁静、很满足。而在宫廷做官的高个子的人和中等个子的人却适得其反，他们经常遭到其他大臣的嫉妒，有很多人上奏国王说他们势力强大、有谋反之心，渐渐地，国王对他们也产生了猜疑，最后他们两人都被人陷害入狱了。

人生中的很多东西都是绑在我们身上的"绳子"，很多人受这些"绳子"的束缚，明知难受，却不肯自己松开，到头来被"绳子"所累，就像故事中的高个子的人和中等个子的人，他们就是被名利的"绳子"束缚住了，忘记了"绳子"会给自己带来的痛苦；而矮个子的人却"看透"了这些，懂得自己解开"绳子"，将功名利禄置之度外，去追寻自己想要的怡然自乐的生活，与那两个人相比，他才称得上是一个真正有大智慧的人。

世界上没有不为名利动心的"超人"，只有善待名利的智者；而那些智者之所以能够善待名利，是因为他们有着一种常人不及的品质——淡泊。俗话说："雁过留声，人过留名。"谁都不想默默无闻地活一辈子，自古以来许多胸怀大志者多把求名、求官、求利当作自己终生奋斗的"三大目标"。三者能得其一，对一般人来说已经很不容易；若能尽遂人愿，则更是"幸运"之至。然而，从辩证法角度看，人生有取必有舍，有进必有退，"有一得必有一失"，任何获取都需要付出代价。问题在于，付出的值不值得。人为了公众事业，为了国家和民族的利益，为了家庭的和睦，为了自我人格的完善，付出多少都值得；但若只是为了一己私利，付出越多只会越可悲。在求取功名利禄的过程中，奉劝诸君，要少一点贪欲，多一点忍耐，莫为名利遮望眼。

客观地说，"求名"并非坏事。一个人有名誉感就有了进取的动力；有名誉感的人同时也有羞耻感，因为他不想玷污自己的名声。但是，什么事都要有个"度"，不能过分追求；人若是过分追求，又不能一时获取，其求名心太切，有时就容易产生"邪念"，走入"歧途"。

在如今这个商品经济时代，人们企求更多的财富、更高的名誉地位、更多的赞美与爱慕……很多人为了得到这些，为人处事时不择手段，他们的生活压力越来越大，心情也随之越来越浮躁，最终在追逐物欲的过程中迷失了自己。

有些人为了追求名利荣誉，不顾自己的身体健康，拼命地奋斗，不分白天黑夜地工作，最后虽然有可能会获得自己想要的东西，但是他们的身体和心理却受到损伤，甚至会危及生命，这实在是得不偿失。

所以，名利本身并没有对错之分，人有名有利当然是好事，但不可强求，不可只顾争名夺利。如果一个人整天思虑功名利禄，总是患得患失、嫉妒猜疑、贪得无厌，那他就会因此食不知味、寝不安枕。如果一个人为了追逐名利，不得不依附权势、卑躬屈膝、阿谀谄媚、丧失人格，甚至忘记生命的本质——做人的真实，成为名利的"奴隶"，那么他的人生便不会有太大的价值。

《菜根谭》中写道："我不希荣，何忧乎利禄之香饵；我不竞进，何畏乎仕宦之危机？"意思是说：我如果不期望荣华富贵，又何必担心他人用名利作饵来引诱我呢？我如果不

和人争夺高下，又何必畏惧在官场宦海中所潜伏的危机呢？

所以，人要从"自我"的小圈子中跳出来，从欲望的束缚中解放出来，把名利看得淡一些，踏踏实实地生活，该做什么事就做什么事，不为了虚名而活。只要你做出了自己的贡献，只要你活得有价值，你自然会获得应有的"名"与"利"，同时也会享受到人生真正的快乐与幸福。

莫因贪"小利"而坏"大德"

《菜根谭》中写道:"人只一念贪私,便销刚为柔,塞智为昏,变恩为惨,染洁为污,坏了一生人品。故古人以'不贪'为宝,所以度越一世。"意思是说:一个人只要心中出现一点贪婪或偏私的念头,那他就容易把原本刚直的性格变得懦弱,原本的聪明被蒙蔽,变得昏庸,原本慈悲的心肠变得残酷,原本纯洁的人格变得污浊,结果是毁坏了一辈子的品德。所以,古代圣贤认为,做人要以"不贪"两字为修身之宝,这样,才能超越他人,战胜物欲,度过一生。

一只已经装满水的杯子,肯定不能再往里面加水了,否则,杯子里的水就会溢出来;一根已经完全拉展的皮筋,绝对不可以再继续拉了,否则,它就会崩断。这种"满盈紧崩"的道理,其实每个人都明白,但是,一旦将这种现象与

下篇　思过

223

克制我们自己的欲望联系起来，就不是每个人都能看清楚、想明白、做得到的了。

俗话说："欲海难填。"为什么？因为贪欲往往会膨胀。

很多人都见到过赌徒在赌场中的情景，赢的人固然开怀大笑，可输的人却是顿足捶胸。但是，不管是输是赢，却往往没有人愿意轻易地离开赌桌。因为赢了钱的人想赢更多，而输了钱的人想捞回本钱。最后，赢的人仍会输得精光，输的人只会输得更惨。

秦朝时，宰相李斯可以说是声名赫赫、不可一世。后来，李斯因罪成了阶下囚，临行刑的时候，他对自己的小儿子说："我和你还能够牵着咱们那条卷尾巴的黄狗，穿过上蔡县城的东门，到山上去猎野兔吗？"这正是一个为物欲所累者重新渴望过平静恬淡的生活的真实写照。然而，他此时才想到返璞归真，为时已晚！

一部《红楼梦》，写的就是一个富贵至极、金玉满堂的大家族，从"盛"到"衰"、由"满"至"损"的变化过程。

秦始皇横扫六国，一统江山，天下财富皆归他所有。然而，这位始皇帝却偏偏没有满足。为了满足自己的奢欲，秦始皇在秦都城附近大兴土木，制造阿房宫，修造骊山墓，所耗民夫竟达 70 万人以上。据记载，阿房宫的前殿东西宽达 700 多米，南北差不多 115 米。殿门用磁石砌成，目的是防止来人带兵器行刺秦始皇。除此以外，秦始皇单在咸阳周围就建宫殿 270 多座，在关外的行宫竟有 400 多座，关内有 300 多座。

修建这样庞大的工程，当然需要大量的人力、物力、财力。据估算，当时服兵役的人数远远超过 200 万，占当时壮年男子人数的三分之一以上。庞大的工程开支加上庞大的军费开支，造成了"男子力耕，不足粮饱，女子纺织，不足衣服，竭天下之资财以奉其政"的悲惨局面，致使民不聊生，百姓过着"衣牛马之衣，食犬口之食"的痛苦生活。最终，秦始皇的"万世皇帝梦"只维持了短短 15 年。

从古至今，很多人爱财慕富、贪恋荣华，可是有谁能够把金银珠宝永久地握在自己的手中呢？无论是权倾朝野的王

公贵族，还是君临天下的帝王，都没有人能够做到。钱财权势永远是在"流转"的，它们不是某个人的私属品，没有人能够长久地独占。如果我们的品行道德能够与财富、权势相得益彰的话，那才算是拥有真正的财富。

面对"利"与"害"，人应该怎么做呢？《劝忍白箴》中讲到"利害"时认为："利是人们都喜爱的，害是人们都畏惧的。害就像利的影子，形影不离，怎可以不躲避。贪求小利而忘了大害，如同染上绝症难以治愈。毒酒装满酒杯，好饮酒的人喝下去，会立刻丧命。这是因为其只知道喝酒的痛快，而不知酒对肠胃的毒害。遗失在路上的金钱自有失主，爱钱的人夺取而被抓进监牢，这是因为其只知道看重金钱的取得，而不知自己将受到关进监牢的羞辱。用羊引诱老虎，老虎贪求羊而落进猎人设下的陷阱；把诱饵扔给鱼，鱼贪饵食而忘了性命。"

人们大都喜欢"名利"，"成名"能够让人有成就感，让人精神振奋；"得利"能够让人有满足感，让人心情愉悦。一般情况下，人们都惧怕灾难，灾难令人痛苦，使人心智受到损害。所谓"趋利避害",是人的共同心理,无论是"君子"或是"小人",在这一点上其实都是一样的,只不过他们追求名利、躲避灾害的方式不同罢了。那些愚昧而不知事理的人,总是被眼前微小的利益所迷惑而忘记了其中可能隐藏的大灾祸,只见"利"而不见"害",最后导致自己"坏了一生人品",毁了美好的前程。这不能不引起我们的警惕!

人为人处世应有自己的原则,表现出自己的道德水准。"非分之想不可有,不义之财不可要,非己之物不动心",人若能坚持这三条,在"钱财"这一关是足以把持住自己的;相反,人如果做不到这三条,就可能给自身招致麻烦,甚至是灾祸。这对于个人来说是如此,对于一个单位,甚至一个国家来说,同样如此。

古时,四川的西部有个叫作"蜀"的国家,那里土地肥沃、物产丰富,很是富庶。离它不远的秦国早就对这块富饶的土地垂涎三尺,想要把它据为己有。可是通往蜀国的道路非常险峻,有陡峭的悬崖绝壁和万丈深谷,人一跌下去就会摔得粉身碎骨。由于进攻蜀国的道路无法畅通,秦国再虎视

眈眈，一时也对其无可奈何。

蜀国的国君生性贪婪，总是大肆搜刮民脂民膏来满足自己对金钱的贪欲，有时甚至不惜一切代价。秦惠王从派去蜀国探听消息的人口中得知了蜀王的性情，觉得有机可乘。他苦苦思索了许久，终于想出了一条计策。

秦惠王命令工匠雕刻了一头巨大的石牛，在石牛的屁股下面放了很多金银珠宝，然后让人放出消息说那头石牛会屙金子。

蜀国的探子把这件"奇闻"告诉了蜀王，蜀王听后羡慕不已，心想："要是我有这么一头石牛，天天给我屙金子，那该有多好啊！"正在此时，秦国的使者来了，他对蜀王说，秦惠王为了表示秦蜀友好的诚意，决定把会屙金子的石牛送给蜀王。

蜀王大喜过望，他听使者说那头石牛的身形巨大，要从秦国运到蜀国来恐怕很不方便，急忙保证说："这个不成问题，贵国国君既然肯把石牛送给我，我哪有不想办法把它运到我国来的道理呢？就请你们的国君放心好了。"

为了能让石牛顺利到达，蜀王不顾大臣们的极力反对，在国内征调了大量民工，把悬崖挖开了，把深谷也填平了，把秦国通向蜀国的险径都修成了平坦大道。然后，蜀王派了五个大力士到秦国去迎接石牛。

　　贪心的蜀王哪里料得到，秦惠王早已派遣军队悄悄跟在石牛后面，随着石牛进入蜀国，一举灭掉了蜀国。

　　古人说："人见利而不见害，鱼见食饵不见钩。"人在利益的诱惑面前，一定要保持清醒和冷静，仔细权衡利弊，千万不可贪图小利、因小失大。